U0169330

为什么
伟大不能被计划

Why Greatness Cannot Be Planned
The Myth of the Objective

［美］**肯尼斯·斯坦利** (Kenneth Stanley)
［美］**乔尔·雷曼** (Joel Lehman)　　著

彭相珍　译

中国出版集团
中译出版社

图书在版编目（CIP）数据

为什么伟大不能被计划 /（美）肯尼斯·斯坦利，
（美）乔尔·雷曼著；彭相珍译 . -- 北京 : 中译出版社，
2023.3（2025.2 重印）
　　书名原文 : Why Greatness Cannot Be Planned: The
Myth of the Objective
　　ISBN 978-7-5001-7362-5

　　Ⅰ . ①为… Ⅱ . ①肯… ②乔… ③彭… Ⅲ . ①人工智
能 Ⅳ . ① TP18

中国国家版本馆 CIP 数据核字（2023）第 041141 号

著作权合同登记号：图字 01-2023-0345

为什么伟大不能被计划
WEISHENME WEIDA BUNENG BEI JIHUA

著　　者：［美］肯尼斯·斯坦利　［美］乔尔·雷曼
译　　者：彭相珍
策划编辑：朱小兰
责任编辑：朱小兰
文字编辑：任　格　朱　涵　刘炜丽
营销编辑：任　格　王海宽　苏　畅
出版发行：中译出版社

地　　址：北京市西城区新街口外大街 28 号 102 号楼 4 层
电　　话：（010）68002494（编辑部）
邮　　编：100088
电子邮箱：book@ctph.com.cn
网　　址：http://www.ctph.com.cn

印　　刷：北京中科印刷有限公司
经　　销：新华书店
规　　格：880 mm×1230 mm　1/32
印　　张：10
字　　数：200 千字
版　　次：2023 年 4 月第 1 版
印　　次：2025 年 2 月第 13 次印刷

ISBN 978-7-5001-7362-5　　　　定价：79.00 元

献给贝斯和贝内特

——肯尼斯·斯坦利（Kenneth Stanley）

献给我的父亲和母亲

——乔尔·雷曼（Joel Lehman）

序　言

　　作为本书的作者，我们很高兴中国读者现在有机会借此书一睹我们基于人工智能（AI）领域研究的一些发现和见解。从我们最初做人工智能领域的研究，到出版这本书来质疑目标在生活和工作中的效用，此间过程既漫长，又充满了意想不到的崎岖。

　　事实上，自研究伊始，我们从未期望或计划能写出一本影响范围超出人工智能领域的书。但是，令人惊讶的事情恰恰发生了。在这段旅程中，我们注意到，那些对我们在人工智能领域研究感兴趣的人们，长期以来都有一个疑问：这些见解对他们自己及其职业生涯有何影响？由此，我们开始意识到，如果就目标对人工智能主体的影响进行深入研究，那我们自然也会期望了解不同的目标对人类的影响。毕竟，人类才是最高级的智能主体。

　　正如你将在本书后续的论述中发现的那样，事实证明目标产生的影响是不容忽视且令人惊讶的，它们可能会彻底颠覆你对自己的人生成就和未来的思考方式。

　　在本书的英文版首次出版发行后的几年里，人工智能的世界发生了很多变化。例如，深度学习已经成为一种趋势，新颖的生成算法持续产生着越来越惊人的结果。然而，即使世界已经发生了巨变，我们依然认为，这本书传递的核心经验和教训，经得起时间的考验，依然值得学习和借鉴。归根结底，对于人工智能或任何其他领域的发展，我们都可以从目标的角度来审视一番。

我们知道，今天的中国已经蓄势待发，做好了在许多领域和事业中取得长足进步的准备，其商业环境和生活中的竞争往往十分激烈，实现真正的创新尽管颇具挑战性，但其回报也丰厚无比。因此，随着中国逐步向"全球创新中心"的方向转型，本书提供的经验和教训（即以目标为导向的创新道路有多么反直觉）或能恰逢其时地提供一些裨益。考虑到中国的无穷潜力和光明前景，一想到我们的作品能够在中国实现其国家伟大梦想的漫长而曲折的道路上，提供哪怕是微不足道的帮助，我们就兴奋不已。

无论"目标反而会阻碍成就达成"这一令人惊讶的结果，最终是否会影响你看待个人生活或职业生涯的方式，我们都希望它能帮你增添一个有价值的、全新的思考维度。

在此祝广大中国读者好运常在！

肯尼斯·斯坦利

乔尔·雷曼

2023 年 1 月

想象在某个平行宇宙中，你被任命为某国的科技部部长，你的任务是把该国科技发展水平提升至发达国家的水平。为此，你的助手给你提供了一份计划：

选定若干个战略方向，投入巨额研发资金；

选拔一批国内企业，各自设定明确研发目标；

组织最优秀的科研工作者和著名学者作为项目领军人物，要求责任到人；

在每个方向上都安排至少三家公司，强化竞争；

定期考核，监督研发进度……

你踌躇满志，但是内心多少有点不安。这样的计划能成功吗？

这就回到一个问题：创新的逻辑是什么？

＊＊＊

创新，是一件神奇的事情。要知道，一些实现伟大成就的发明家并非比同行更勤奋、更努力，而是因为他们经常能捡到"意外的"宝藏。

最近全球最令人瞩目的重大创新事件是一个生成式人工智能（Generative AI）模型 ChatGPT 的诞生。我认为这可能是工业革命以来最了不起的发明之一，它由 OpenAI（开放式人工智能公司）研发，且在最初并未得到美国政府的特别关注。

OpenAI 的四位领导人都是三四十岁的年纪，首席执行官山姆·阿尔特曼（Sam Altman）在斯坦福大学学过计算机专业，中途退学；首席技术官米拉·穆拉蒂（Mira Murati）是一位年轻女性，父母是阿尔巴尼亚移民；总裁格雷格·布罗克曼（Greg Brockman）上过哈佛大学和麻省理工学院，但最终都退学了；首席科学家伊利亚·苏茨科弗（Ilya Sutskever）原本是俄罗斯人，小时候跟随父母先移民到以色列，后又移民到加拿大，最后来到美国。

两位没有学位的美国人和两位外国移民，领着几十位研发人员组成了一家小公司，采用了一个当初包括谷歌在内的大公司都不看好的技术路线，搞出了最震撼的科技。

这样的事情是可以计划的吗？

幸亏当下创新不是由政府主导，像 OpenAI 这样的小公司才有可能得到巨额的风险投资资金，才可以任性蛮干，才有机会做出伟大的创新。

这可不是特例，这是常理。

当你考察科技史时，你会发现伟大的创造几乎都是由一些谁也想不到的人，在谁也没计划的领域中做出来的。比尔·盖茨迎合极客打游戏的需求普及了个人电脑；硅谷的一个车库里诞生了谷歌；埃隆·马斯克起家是在网上支付领域，最后却推出了SpaceX和特斯拉。

对比之下，那些由政府从上而下主持的大科研项目呢？

1971年，时任美国总统尼克松发起一场"癌症战争"，但貌似什么都没干出来；1982年，日本通商产业省搞了一个为期10年的大项目，投入巨资，要研发第五代计算机系统，也是没有突破出来。

历史上似乎是唯一一个由政府主导，且最后获得成功的大科技项目，就是时任美国总统肯尼迪为了跟苏联竞争而推动的载人登月计划。它激励了后来的各国政府，但仔细考察，彼时美国其实在很大程度上已经具备了相关科技能力——并不能称得上是奇迹。

如果路线已经近在眼前，你当然可以设立目标、制定计划，多花点钱加速进行。但是真正的伟大突破是不能计划的。

这个道理并不是新认知，过去几十年间几乎所有关于科技创新的研究都是这么说的——但是都没有说服政策主导者。

如果掌握了充足的资源，"无为而治"也并不容易。

所以我们确实需要进一步的解释。为什么伟大创新一定是意外所得？

***

肯尼斯·斯坦利（Kenneth Stanley）和乔尔·雷曼（Joel Lehman）的《为什么伟大不能被计划》（*Why Greatness Cannot Be Planned: The Myth of the Objective*）一书，算是把这个问题彻底讲明白了。两位作者都是人工智能专家，而且都有在 OpenAI 工作的经验，可谓当今科技领域的前沿人物。他们对于书名这个问题的解释，来自一个 AI 算法。

比如，你想要从一些简单线条出发，演化出好看的图片，或者让纸面上的机器人走出迷宫，又或者让一个三维空间中的机器人学会直立行走，你应该怎么做呢？

直觉上的做法是先设定 AI 算法的演化目标，在演化的每一步都进行筛选，接近目标就加分，否则就淘汰。但实验中这个做法的效果并不好。

肯尼斯和乔尔发明的算法叫作"新奇性搜索"（Novel Search）算法，根据书中的描述，这是他们于 2008 年推出的。这种算法会随机生成一组解决方案，通过评估新奇性并保留新奇性比较高的方案，从而像生物演化一样发生一定的变异，如此往复循环，直到达到预定的迭代次数或者将问题彻底解决。

这个算法在迭代过程中完全不考虑一个方案是否有利于接近目标，哪怕这个方案是往墙上撞，或者一站起来就跌倒。产出的方案再怪异、再不靠谱也没关系，只要是新奇的就留下——只问新不新，不问好不好。

然而各种实验都证明，这种方法找出来的方案最能解决问题。它能生成最好看的图片，能最快找到迷宫的走法，能让机器人最快学会直立行走。这是为什么呢？

一个原因便是求新就意味着求复杂。简单的方案总是先出现，等你把简单的方案都尝试过之后还要新的，出来的就一定是更复杂的方案。复杂意味着掌握更多的信息，掌握信息多意味着更高级，也就更容易解决问题。

更重要的原因是，新方案是通往其他新方案的"踏脚石"（Stepping Stones）。这就如同你在一片沼泽地里寻宝，必须踩到更多的踏脚石才能探索更多的地方，而你必须探索很多很多地方才更有可能找到好东西。

***

因此，如果你一开始就向着一个明确的目标努力，你就走不远。目标会窄化你的探索范围。对伟大事业来说，目标具有误导性。

比如前面教机器人直立行走的例子。如果你一开始就一门心思想着直立行走，你就会刻意避免能让机器人摔倒的方案。可是恰恰是那些会摔倒的方案教会了机器人踢腿！学踢腿，自然就容易摔倒；可是不踢腿，怎么能会走呢？

而对新奇性搜索算法来说，机器人从"不会摔倒"到"会摔倒"，绝对是大好事！机器人会的越来越多就意味着越来越高级，便自然会将会直立行走这项技能收入囊中。

求新确保了探索范围宽广，好东西也会随之而来。考察科技发展史，好东西从来都不是按照某个目标刻意计划出来的，而是一个接一个自动发展出来的。

莱特兄弟发明飞机，最早用的是自行车技术——此前无数人曾经想要发明飞机，谁也没想到首先飞上天的是"自行车"制造商；微波技术本来是用于驱动雷达磁控管的一个部件，意外成就了微波炉；第一台电子计算机用的是电子管，但电子管根本就不是为了计算机而发明的。

个人的成长也是如此。考察了不起的摇滚乐手、作家和企业家，他们几乎都是半路出家。哈佛大学的托德·罗斯（Todd Rose）和奥吉·奥加斯（Ogi Ogas）所著的《成为黑马》（*Dark Horse: Achieving Success Through the Pursuit of Fulfillment*）也讲过类似的道理。书中的成功者并没有长远的规划，都是先做过一些事情，发现自己更感兴趣的是什么，并为之转行，从而找到为其带来巨大成功的职业。

公司也是这样。比如 YouTube 最初的设想是一个视频约会网站，后来发现人们喜欢在上面分享五花八门所有类型的视频……

伟大不是目标指引的结果，因为通往伟大的路线从来都不是直线，很多时候快反而就是慢——没有特殊目标，每次只是选择下一块踏脚石，你反而能找到珍宝。

***

请注意，这可不是说人生就应该漫无目的、随波逐流。新奇性搜索算法不预设具体目标，但是它有价值观的指引，这个价值观就是新奇和有趣。只要你每次都选择更新奇和更有趣的方向，你就不会是平凡的。

这就如同一个小孩，一开始觉得看电视很有趣，家长对此很不放心，认为是浪费时间。但是孩子不会一直觉得看电视最有趣，他很快就会发现打游戏比看电视有趣多了，于是他会把精力转移到游戏上来。而只要他眼界够高，他迟早会发现世界上还有很多比打游戏更新奇、更有趣的东西，比如自己编程、自己制作游戏，最后他会发现搞科研更新奇、更有趣……

没错，真正能把追求新奇、有趣坚持到底的，都不是一般人。他们不会在中途沉迷，始终能看见下一块踏脚石，成就和实用性早晚会随之而来。

如果你一开始就认准了想要得到一个什么样的珍宝，你就不会得到珍宝；最终得到珍宝的人，只是一直在寻找下一块踏脚石……他们得到的都是意想不到的珍宝。

求新就是求好，出奇就是出色，有趣就是有戏。

***

这些道理不符合普通人升职加薪的攻略，也与很多后发进取的国家发展经验相悖。

这些国家在过去几十年间经常讲目标、谈规划，确实取得了伟大的成就。后发优势使它们不用踩踏脚石就知道飞机、微波炉和计算机是怎么回事儿，它们便可以确立明确的目标。这样的发展方式速度虽快，但是也在无形中限制了它们——它们不太擅长寻找踏脚石。

如今，我们已经在很多科技领域进入无人区，前面没有现成的路了，我们就必须自己寻找踏脚石。那种认准一个方向猛干，不惜成本投入人力物力，指望大力出奇迹的做法不是通往发达之路。中国经济需要转换到以"高技术高品牌＋颠覆创新"为主的高端发达模式，需要像新奇性搜索算法这样的思想。

然而转变是有条件的。要让人们敢于追求新奇、有趣，最起码得有点余闲和余钱才行。

肯尼斯和乔尔非常理解这些。他们甚至用算法演化的视角重新审视了生物进化，认为地球生物之所以有这么繁华的多样性，并不是像很多人想的那样是因为自然选择非常残酷——而恰恰是因为自然选择并不是很残酷。物种竞争并不是全方位的，有时候你开辟一个新的生态位就可以暂时避免竞争。

多样性不是竞争的产物，是逃避竞争的产物。

懂得这个道理，本篇序言一开头提到的那个假设的部长，他要做的恰恰是减少一些竞争，取消无谓的考核，用减少内卷换取增加多样性，用自由发展取代顶层设计，营建更宽松的环境……

***

然而这一切是如此反直觉，几乎难以实现。

肯尼斯和乔尔炮轰了美国的科研和教育体制，认为其太过强调目标和计划，正在制造平庸。过分寻求共识的评审机制让真正新奇、有趣的项目很难拿到经费，全美国统一的教育标准和考试让老师们纷纷内卷，不敢搞教学创新……

现实是，世界上只有很少的国家能成为发达国家，成为发达国家以后也不一定能一直发达下去。伟大，那是非常非常难的事情。推荐大家阅读这本书，并从中找到自己的收获。

科学作家、"得到"App《精英日课》专栏作者

万维钢

2023 年 4 月

　　本书的灵感，源自一个关于人工智能的激进想法。人工智能发展到目前的程度，的确令人意外。起初，我琢磨的对象不过是人工智能的算法，这是像我这样的计算机科学家才感兴趣的一个主题。人工智能算法通常有着明确的目标和目的，而算法的编程就是为了它们。但后来我意识到，即使我们没有给这些算法设定明确的目标或目的，它们也能够取得令人惊叹的结果，甚至比那些设定了目标的算法更优越。为了验证这个想法，我做了一系列实验，也收获了一些令人惊讶的实验结果。本书收录了部分实验及结果，如果你也是一位计算机领域业内人士，可能会认为记述这些实验和结果的部分颇为有趣。

　　但随后不寻常的事情发生了。我开始意识到，这种洞察力不仅仅是关于人工智能算法，也可以适用于我们的日常生活，甚至可以涵盖文化、社会、人类如何推动创新、如何规划成就、如何解释生物的进化等领域——这份清单可以无止境地写下去。这个想法的确非比寻常。如果你无法理解，不妨想一想，源于一个计算机程序的算法，改变了一个人对生活的思考方式，这件事多么令人惊奇。毕竟，我们并不会在每次开启笔记本电脑时都陷入对生存危机的思考。这个想法出乎意料的广泛适用范围令我感到震惊。虽然我一开始试图将其压抑心底、抛之脑后，但它们的声音越来越让我难以忽视。

作为一名大学教授，我有时会应邀参会，就我个人的研究成果发表公开演讲。我将这个想法当成一个实验，在公开演讲时谈到了它与我们的生活和社会的关系。当我看到听众的热烈响应和被激发的热情时，这个想法就被赋予了新的生命，让我看到其意义远远超出了它们起源领域（计算机领域）。后来，我意识到必须专门写一本书，来尝试传达这种新颖的见解。于是，就有了诸位今天拿在手上的这本书，希望你们能够在接下来的阅读中获得独特的体验。

本书始于一个故事，这个故事讲述了一个人工智能领域的想法如何扩展到其他更大的领域。但这本书也是一段奇异的旅程，穿越了令人眼花缭乱的诸多其他领域。从个人约会，到科学的发展，再到人类大脑的进化，你将能看到其令人惊讶的广泛影响。我希望诸位能够享受这段奇异之旅，穿越曾经熟悉的概念，用一种全新的、令人着迷的视角，观察我们生活的世界。

关于这个项目的历史，还有一个重要的细节，这本书实际上是两个人共同努力的结果。从最早的实验，到实现越来越广泛的影响，本书的合著者乔尔·雷曼在整个过程中都发挥了不可忽视的重要作用。本书收录的很多想法，是我们两个人多年交流和辩论的结果，因此这本书也真正地集合了我们的集体智慧。从第一章开始，我们便将采用同一讲述者的口吻，引领诸位完成本书这段神奇的旅程。

乔尔和我都想对支持这项工作的机构表示衷心的感谢：中佛罗里达大学、得克萨斯大学奥斯汀分校和圣菲研究所（我在那里休假时完成了这本书的撰写）。特别感谢中佛罗里达大学进化复杂性研究小组的每一位曾经的和现任的成员，感谢他们多年来的投入和创意贡献。此外还要感谢加州大学旧金山分校计算机科学系主任盖里·里文斯（Gary Leavens），他鼓励我把这本书的内容落到纸面。如果没有 IBM 研究院的理查德·加布里埃尔（Richard Gabriel）在 SPLASH 会议，以及罗得岛设计学院的林成灿（Seung Chan Lim）的早期演讲邀请所提供的动力，或许我也没有勇气动笔撰写本书。感谢图片孵化器网站 Picbreeder 整个团队的帮助，还有后来为该网站贡献智慧和力量的诸多用户。感谢为本书中的想法提供最初灵感的实验人员，他们是：负责人吉米·塞克雷坦（Jimmy Secretan）、尼克·贝亚托（Nick Beato）、亚当·坎贝尔（Adam Campbell）、大卫·丹布罗西奥（David D'Ambrosio）、安德雷恩·罗德里格斯（Adelein Rodriguez）、耶利米·T. 福尔萨姆－科瓦里克（Jeremiah T. Folsom-Kovarik）、娜扎尔·汗（Nazar Khan）、彼得·马修斯（Peter Matthews）和简·普罗卡吉（Jan Prokaj），所有人都为图片孵化器网站实验的丰富成果和研究献策献力。

***

为了满足不同背景和领域的读者需求，本书分为两部分：第一部分（前九章）逐步提出了反对"目标神话"的主要论点，并为"目标神话"在生活和社会的一些领域造成的损害，提供了通俗易懂、得到普遍认同的证据。在本书的最后两章，我们还为那些对"目标神话"在特定科学领域（尤其是生物学和人工智能）中的影响感兴趣的读者，附上了两个案例研究。这样一来，诸位既可以从前九章中吸收主要观点，又可以从额外的案例研究中获得进一步的深度探讨。希望本书的内容安排，能够令诸位满意。

圣菲研究所，圣菲，新墨西哥州

肯尼斯·斯坦利

目 录

contents

第一章

对目标的质疑

　　现在，在亚哈的心里，他稍稍意识到了这一点，即：我所有的手段都是理智的，我的动机和目标则是疯狂的。

　　　　　　　　　——赫尔曼·麦尔维尔（*Herman Melville*），《白鲸》

　　想象一下，每天一觉醒来，不用去琢磨今天该干点儿什么，你有过这样的体验吗？假设你去上班，你的老板一反常态地没有开例会，既不讨论工作基准，也不说明工作节点，而是告诉你，就做你最感兴趣的事，你该如何自处？待稍后，你上网浏览新闻，里边既没有提到关于学习成绩的国家标准测试，也没有提及未达成的经济目标。说来也奇怪，当老师的，还是该上课的上课；市场上，该进行的交易也没有受到影响。你或许在某个婚恋网站上发了一份自我介绍，但对于那些描述自己想找什么样的对象的问题，通通留白。今天你好像并没有特意找事情做，但寻找的过程并未停止。或许近期你不会碰上这么漫无目标的一天，但万一碰上了，这样的日子该怎么过？你或许会感到茫然困惑，或不知所措，或迷失方向。但有没有可能，你反而会觉得日子更好了？

　　有意思的是，我们难得去谈论"目标"在自身文化体系中的主导地位，尽管我们自出生起就受其影响。从蹒跚学步，到第一天进幼儿园，再到成年，我们跨入了一场"评估"的无限循环之中，且所有"评估"皆有目的——用以衡量特定目标（由社会或我们自己设定）的进展，比如精通一门学科并找到一份对口的工作。实际上，"目标"从一开始就躲在幕后，从源头开始，随着时间的推移不断积蓄力量，最终主宰我们的一切。

想要证据的话，你只需要顺道去趟家门口的书店看一眼，杂志架上琳琅满目的标题便会提醒你：或许你该跳个槽、减减肥、开个公司、找对象约个会、升个职、换身行头、赚个小几百万、买个房或卖个房，或打通某个电子游戏。事实上，几乎所有值得去做的事情，都以一个又一个目标的形式呈现出来。我们这本书也并不是说完成上述目标都是浪费时间，其中大部分目标还是值得肯定的。但不论你对其中的某个目标有何想法，我们都很少质疑的是，用目标来框定我们所有的价值追求，是否合理？你敢不敢想象一下没有太多目标，甚至是压根没有目标的生活？这样的生活，有没有好处？不论你的答案是什么，都可以反映出我们的文化对"目标"是多么推崇备至！

另外我想说，这不仅仅涉及个人追求。虽然孩子们在学习某一科目的过程中，学校确实要依据进展情况打分。从学校的角度出发，其目标是培养能考出高分的学生，但学校自身也因此被分为三六九等。到了国家层面，各个国家同样设定了各种不同的目标，比如低犯罪率、低失业率或低碳排放等，为其投入大量的精力和资源，并跟踪这些目标和其他类似目标的进展。在上述社会追求的背后，存在着这样一个设想，不常为人道，却少有人质疑，即任何值得追求的社会成就，最好先将其设定为目标，然后大家齐心协力、坚定不移地朝着这个目标努力奋斗。这让人不禁发问：这世界上是否存在不需要设定目标就能完成的事情？

纵观大部分行业，答案似乎是"没有"。以工程师为例，他们经常会设置一系列严谨的产品标准，作为需要达成的"目标"，然后不厌其烦地将自己设计出的原型机与上述标准逐一比对。发明家也是如此，他们脑子里有一个构思，然后将其设定为一个"目标"，最后再想办法实现。同理，为确保项目获得充足的资金，科学家必须先确立一个明确的目标，然后这些目标的可实现性就成了评判项目能否获得资助的标准。如上诸般例子，不胜枚举。又比如投资人通常会预先设定盈利目标，亦如企业会制定利润目标，甚至艺术家和设计师也会把"如何实现自己的构思和设计"定为目标。

"目标"一词在我们思维中的分量，甚至影响到了我们的交流方式。比如谈到自然界的动物，但凡涉及进化论，我们便会从两大角度看待动物的演化——"生存"和"繁衍"，即生物进化的预设目标。即便是在电脑中运行的各类算法和程序，其设计的初衷，也是为了实现某些特定目标，比如找出最佳的搜索结果，或者更好的棋局解法。事实上，此类算法在人工智能和机器学习领域相当普及，"目标函数"一词也因此在相关行业内人尽皆知。

或许前述诸多对"目标"的狂热追求有一定道理。在某种程度上，我们不得不相信目标的意义，才能允许它主导我们生活的方方面面。但背后的原因也可能恰恰相反，即我们已经太习惯于通过"目标"来界定所有的努力，甚至忘了我们可以去质疑目标的价值。无论如何，这种习惯成自然的常规做法，毕竟还是有一些吸引力的。我们所有的追求，都可以被精确地设定为一个又一个具体目标，然后再近乎机械性地逐步推进。在我们面对生活的不易和迷惘时，这种想法无疑是一种很好的心理慰藉。因为若是从一开始，便有一座座整齐划一的里程碑来持续引导世界的走向，宛如发条钟表走时一般固定且可靠的话，人们绝对能感到极大的安全感。

尽管没有明说，但存在这样一种普遍的假设，即"设定目标"这一行为本身，就创造了可能性。实际上，只要你用心去做，便有可能事成，且一旦你找到了这种可能性，只需尽心尽力和持之以恒，成功便指日可待。这种"世上无难事"的哲学观也反映出，我们的文化对"目标"一词根深蒂固的好感，所以我们都被教过这么一个道理：只要目标明确，努力和付出必有回报。

即便如此，或许你依然会时不时地对这种想法感到不安。"有目标才有动力"，这句话听上去顺耳，但做起来糟心——海量的目标测算、评估和计量，将会侵入生活的方方面面，好似要把我们变成"目标"的奴隶，为了不可能实现的"绝对完美"奔波劳累。或许在某些时候，"目标"能为我们提供生活的意义或方向，但它同样限制了我们的自由，成为禁锢我们探索欲望的牢笼。毕竟，如果我们所做的每件事，都被看作实现一个或另一个目标的踏脚石，那么充满乐趣去探索的机会就被剥夺了。因此，设定目标便会有代价。鉴于少有人就此种代价进行过详细论述，或许我们应该更认真地审视一番，即我们为了这种"目标乐观主义"到底牺牲了什么？

在此之前，需要强调的是，我们并非悲观主义者。本书看上去像是一本"怀疑论"作品，但实际并非如此。事实上，我们坚信人类的成就没有上限。我们只希望在本书中，强调一条异于常规的、不以目标为导向的成功之路。我们的文化为了所谓的"目标"已经牺牲了太多，现在我们要做的就是悉数夺回。因为它偷走了我们去创造性探索的自由，阻碍我们去发掘一些意外的收获。目标论导致我们只关注终点的收获和风景，而忽视了每一条探索道路本身的特殊性和独特性价值。

本书接下来的篇章将会告诉你，伟大的发现就蛰伏在我们触手可及之处，只要我们能丢掉"目标"这一所谓的"定心丸"。有时候，改变世界最好的方法，就是不要试图去改变它——也许你已经意识到，最好的点子往往都是偶然所得。让我们先看看，如今大多数人往往是通过怎样的方式获得成功的。

***

要做成某事，一般都要先"谋定目标"而后动。在各行各业中，只要提出一项新计划，你听到的第一个问题通常是：

"目标是什么？"如果你不能把某个特定追求目标化，人们便觉得它有"不甚完善"之嫌，而"能否目标化"也是证明你的想法是否值得被考虑的唯一途径。举个例子，假如你是一位化学家，即便你有很强烈的预感，认为把两种化学物质混合后，必会生成一种十分有趣的反应，也几乎没有科学家会把你的"嘴把式"当回事，除非你能明确地解释和说明这个反应。只有这样你才能说，自己的目标很明确，才能合理追求其实现。

有时候除了"目标"一词，人们可能会使用其他表述，但它们其实都扮演着类似的角色。比如，有些科学家经常要求彼此提供各种"假设"，因为他们不想仅因某项研究听起来"有那么点意思"就往里头砸钱。他们通常会一个劲儿地追问："你的假设是什么？"，这与"你的目标是什么？"是一个意思。因为没有假设，科学实验无异于开盲盒，堪比小孩子过家家。这种假设，与你可能想要实现的任何项目目标一样，能证明你的项目有实现的价值，即使最后可能没有成功，但仍然能成为最终结果的标杆，让其他人在事后就成败得失给出评判。

这种行事态度，不仅适用于商业或者科学领域，也同样适用于个人生活。比如你登录一个婚恋网站，你首先得知道自己想要什么类型的人，心仪什么样的对象，这样才能描述你"想找什么样的人"。再比如你是一名大学新生，你首先得了解自己的专业，以便对该专业的知识体系产生清晰的认知，然后再学习掌握。所有正在填写大学申请书的高中生都知道，即使是个人爱好，也应该存在某种目的性，没有针对性亮点的申请书，基本得不到招生老师的青睐，即便这是根据你的最佳思路填写的。

不论你是高管、科学家、学生，还是期待爱情的单身人士，一旦确定了目标，通常便要投入所有精力去实现它。换言之，为了实现目标，我们会排除万难、全力以赴。但在这个过程中，实际上存在一种因素，虽不明显却切实存在，即通常情况下，目标的达成进度，将通过某种方式来衡量。因此，我们文化中的各类测量手段和度量标准便有了用武之地，其目的都是为了确保我们在朝着正确的方向前进，如果事情进展不顺，还能有回转的余地。举个例子，学习的目标是掌握一门学科的知识，成绩就是其衡量标准，反映出学生是否在专业方向上取得了进步。所以，如果成绩下降了，你或许得改变一下学习方法。

优化理论中有一个很恰当的词，被一些科学家用于描述这种概念，即通过测量来帮助决定下一步的行动——他们称之为"梯度"，它本质上被当成判别方向对错的一种线索。我们所有人很快就熟悉了这种"梯度化"的行为方式，以至于成年之时，它几乎成为我们的无意识行为。小孩子们玩的一种"回答冷或热"的推理游戏，可以完美解释这一概念：一位年轻的寻宝人，需要找到一处隐秘的宝藏，藏宝处只有其他玩家们知道，但他们仅能说"更冷"或"更热"这两个词中的一个来提供线索。这个游戏的思路很简单，连小孩子都能自然而然地按照温度不断上升的"梯度"规律完成游戏，而且几乎不需要提前给出游戏讲解（当然更不需要了解优化理论）。只要梯度呈上升趋势，寻宝者离成功就越来越近。从某种意义上说，我们在生活的各个领域中都在玩同一个游戏。在我们的文化观念中，设定目标、努力实现目标，并在过程中衡量进展，已经成为我们追求成功的主要途径。

显然，在本书中我们将提出一系列的问题，质疑做事"有目标"的好处，但在此需要着重指出的是，我们主要针对的是所谓的"高大上"的目标——因为此类目标的实现，是彻底的未知数。如果你是一个"胸无大志"的人，只想实现一些普普通通的小愿望，那么制定目标就会非常有效，这也是人们很少质疑目标的一大原因。好比一家制造型企业决定提升 5% 的产能，即便成功了，也没有多少人会感到惊奇，又或者一家软件公司想把自家产品从 2.0 版更新成 3.0 版，同样会成功，这没什么值得惊讶的。诸如此类的"每日小目标达成"，会让我们误以为设定目标几乎对任何事情都有效，但随着"志向"变得越来越"高远"，实现的希望便越发渺茫——这便是最耐人寻味的地方了。

有些目标仍充满了不确定性，比如医学研究人员尚未研发出治愈癌症的方法，计算机科学家短期内也很难说是否可以创造出足以媲美人类智力的人工智能。如果能发明一种不存在任何风险、环境友好且用之不尽的能源当然很好，但没有人知道何时会实现。完全沉浸式的全息电视，你得承认它会非常有意思，虽然这个目标可能不像前面的那么高大上，但距离问世仍遥遥无期。也许世间还潜藏着一种新的美妙音乐类型，其魅力犹如海妖的歌声，甚至可以让全人类都沉沦，但仍需等待合适的"伯乐"艺术家去发掘。或者更天马行空一些，发明时间旅行机器或瞬间移动怎么样？你甚至会给自己设定一些"大目标"，比如赚它 10 个亿。当然，部分过于"高大上"的目标终究是无法实现的，但有一些倒是还有希望，如果我们能一步步地不断接近它们，最后实现这些目标，世界必然会更美好。

那么问题来了，如何才能实现"高大上"的目标呢？不仅仅是打高尔夫球的时候让挥杆动作更有模有样，而是切切实实地实现梦想。对于此类"高大上"的梦想，"目标"能提供的保证就有些无力了。毕竟，即便时间旅行在理论上是可行的，但目前从国家资源最优化使用的角度考虑，肯定不会把数万亿的钞票一股脑儿投在建造时间机器上。但为什么不呢，设定目标不是迈向成功的第一步吗？还是说，追求时间旅行会成为出现在我们现实生活中的白鲸"莫比·迪克"[1]，分散我们对生活中真正重要事情的注意力？

---

[1] 莫比·迪克出自 19 世纪美国小说家赫尔曼·麦尔维尔（1819—1891）于 1851 年发表的一部海洋题材的长篇小说《白鲸》，小说描写了亚哈船长为了追逐并杀死白鲸（实为白色抹香鲸）莫比·迪克，最终与白鲸同归于尽的故事。此处用来代指徒劳无功的事情。——译者注

***

为何实现所谓"高大上"的目标如此困难？要解决这个问题，不妨想一想所有可能成为杰作的事物，例如所有可能的绘画作品，凡是入眼的皆属此类，但许多你从未见过和永远都见不到的事物也属于这一类，所以现在不妨想想看，在所有具备可能性的画作中，只有极小一部分可以算得上是伟大的杰作，如达·芬奇的《蒙娜丽莎》或梵高的《星空》，此类作品都属于很难实现的"高大上"的目标，其余绝大部分画作仅是可识别而已，无法像名画那般看一眼便深入人心，比如那些以熟人和日常物品为内容的图片。当然，绝大多数图片都没有什么乐趣或意义——就像信号中断形成的电视花屏，只是随机的静态图像。令人兴奋的是，在这一大堆具备可能性的画作合集中，有些伟大杰作尚未面世，因为还没有人画过。换言之，此类潜在的杰作还尚未被发现。

把成功视为探索发现的过程会很有用。我们可以认为，画出一幅杰作本质上是在所有具备可能性的作品集合中将其发现，好比我们在一切可能性中，搜寻想要的那个"唯一"，即我们所谓的"目标"。当然，这种搜索并非像你平日在洗衣机里找丢失的另一只袜子那般随意，这种类型的搜索是更高层次的，就像艺术家在搜寻灵感时表现的那样，但关键是，我们熟悉的"搜索"这一概念，实际上可用于更崇高的追求，如艺术、科学或技术领域。这些都可视作在寻找有价值的东西，可以是新艺术形式、新理论或新发明，又或者从个人角度讲，好比是寻找合适的职业路径。不管你在找什么，这个探索发现过程最终与其他人的并无太大区别。"弱水三千，只取一瓢"，在众多的可能性中，我们只是希望找到最适合自己的那个"唯一"。

因此，我们可以把创造力看作一种搜索的手段，但这种类比并不全面。如果我们在寻找目标，那么我们必定是在某些范围内找出目标，这个范围可以被称为"搜索空间"，即所有具备可能性事物的集合。现在试着发挥一下想象力——就好像不同的可能性，出现在一个大房间的不同位置。在这个巨大的房间里，从一面墙到另一面墙，从地面到天花板，每一个你能想到的图像，都在空中某个位置盘旋着，数万亿的图像在黑暗中闪闪发光。这个洞穴般的房间储存了所有具备可能性的图像。现在想象着穿过这个空间，其中的部分图像位置有一定的组织规律，比如某个角落附近是各色面孔，另一个角落则是繁星点点的夜晚（在其中的某个位置立着梵高的杰作《星空》）。由于大多数图像，就好像断了信号的电视雪花屏幕般存在，大部分空间都塞满了无用的东西，好东西相对较少，且彼此相距甚远。

从上述"搜索空间"的角度思考，"发现"便是我们把创造的过程，看作搜索这个庞大房间的过程。正如你可能想到的那样，你最可能描绘出的图像，取决于你已经浏览过的房间区域。如果你从未见过水彩画，就不太可能突然间创作出它。从某种意义上说，自古以来人类文明的发展过程，就是不断探索这个房间的过程，我们探索得越多，就越清楚创造发明的可能性。你对这个房间探索得越多，就越能明白接下来该去往何处。通过这种方式，艺术家在创作时，恰恰就是在存储了所有具备可能性图像的大空间中，寻找一些特殊或异常美丽的事物。他们在房间里探索得越多，成功的可能性也就越大。

假设你想画一幅优美的风景画——这就是你的目标。如果你在风景画方面经验丰富，便意味着你已经参观过房间里堆满这类图像的区域。从这个位置，你可以开始向四周分化，进一步探索关于风景画的、尚未涉足的新区域。当然，如果你不熟悉风景画，即便设定了的目标，你画出杰作的机会也不大。从某种意义上说，我们去过的地方，无论是目之所及还是心之所驻，都会成为我们开拓新思路的踏脚石。

上述思维方式不仅适用于绘画，我们同样可以想象出一个装满任何其他东西的房间。举个例子，它可以是装满了各类发明的大房间。与装满图像的房间一样，在这个容纳了所有可能性发明的大房间里，大部分东西都是一些"食之无味、弃之可惜"的小物件，比如偶尔会把球从一个地方转移到另一个地方的不靠谱机器，或者一个胡乱触发的警铃。但你仔细观察后就能发现，在房间的某些区域，存放着一些简便而实用的东西——袋子、轮子、独轮手推车、长矛等。更复杂的发明则更罕见——某个角落存放着各种各样的汽车，另一个角落则是计算机。房间的某处，总会有我们从未见过的奇特机器等待我们去发现。

我们再来看看装满了电脑的房间。如果你在计算机领域钻研了很长时间，那就会发现一件很有趣的事：你首先会开始理解这个房间的形状，知道一台电脑是如何联通另一台的，就像铺着踏脚石的蜿蜒小路一样。如果你在这条路上徘徊的时间足够长，甚至能看到一些有趣的"可能性"开始在某些地方"探头探脑"。

那我们为什么要徘徊于此，为何不直接前往顶尖计算机所在的位置呢？原因便是，通往未来的唯一线索，只能在过去中寻获。世界上第一台计算机 ENIAC 于 1946 年问世，每秒可运行 5 000 条指令[1]，而现如今一台普通的台式电脑，每秒能运行超过 100 亿条指令[2]。换言之，ENIAC 的运行速率，只有现今一台普通电脑速率的 200 万分之一，真算得上是蜗牛爬了。

你可能会想，设计师们为何不在 1946 年就把目标定为制造一台高速计算机呢？当然，现代人都知道这是可能实现的目标，但为什么第一台计算机运行得这么慢？这就是世界运作的方式，在这个满是电脑的大房间被人踏足之前，没有人知道那里会存在何种可能性，你得在出发之前先参观一番。简而言之，在 1946 年，制造更高速计算机的踏脚石还不为人所知，因为其尚未被发现。就像我们目前还不知道，把如今计算机速度再提升 200 万倍的踏脚石在哪里一样。带有踏脚石性质的事物，是通往更高层可能性的门户。我们必须先找到这块石头，踩稳后才能跨出发现的一步。

因此，目标必须是可行的，才有希望去实现。一个想象中的、正在被探索的大"房间"是一个隐喻，帮助我们理解为何这个原则会成立。计算机科学家甚至为此创造了一个业内术语——"搜索空间"，来指代这一概念。这是一个包含了无数可能性踏脚石的空间，可以从一个发现通向另一个，所有的发明和创造都发生在该空间里。在设定"高大上"的目标时，我们能否在这个"搜索空间"中开辟出一条路径通往目标，始终是个大问题。

有时候，弄清从自身驻足之处到目标所在之处的路径，算不得什么大挑战。例如，你的目标仅是想吃点东西，那就没什么麻烦的，只要翻一翻冰箱就能做出一个三明治。但是找出通向许多其他目标的路径，则比这要困难得多。比如作为一名大学新生，或许的确有办法能让你在 30 岁前赚够 100万，但你并不清楚第一步应做的事。换言之，你必须先找到一块正确的踏脚石来站稳脚跟，再加上足够的运气和头脑，才有可能发现通向目标的道路。你可能在途中遇到不少踏脚石，但其中很多都难以被发现。

***

现在可以告诉你本书的真正主旨了。本书不仅仅是关于成就或成功的论述，更涉及一个耐人寻味的悖论，我们会在后面的章节中进一步讨论，但你可以从目前的内容中窥得一二：若目标设置得足够适度，它就会起到积极作用；反之，目标越"高大上"，情况就越复杂。事实上，若想实现更多所谓的丰功伟业，目标往往会成为绊脚石，比如与探索发现、创造力、发明或创新有关的目标，又或者找到真正的幸福之类的目标。换句话说（矛盾就在这里），当最伟大的成就被设定为目标时，其实现的可能性就近乎渺茫了。不仅如此，这个悖论还得出了一个非常奇怪的结论——如果此悖论真的成立，那么实现宏图大业的最佳道路——通往充满创意但虚幻的目标或实现无限抱负的最实在途径，就是压根不设立目标。

为什么会这样呢？关键在于，通向"高大上"目标的踏脚石，往往非常奇怪。也就是说，若你只是闷头盯着自己的目标，那它们可能就是你根本意想不到的东西。换言之，如果你正在一个巨大的房间里穿行，里面有各种各样具备可能性的东西，其排列方式也不可预测且令人难以捉摸。历史上有很多关于这个棘手问题的例子。例如，世界上第一台计算机，是用真空电子管（下文简称真空管）制造的，这是一种引导电流通过真空容器的装置。然而奇怪的是，真空管的历史，与计算机毫无关系。像爱迪生这类最初对真空管感兴趣的人，都是把它用来研究电学，而非计算机的工具。后来在1904 年，物理学家约翰·安布罗斯·弗莱明（John Ambrose

Fleming）改进了无线电波的探测技术，但仍然没有发明计算机的迹象。数十年后，当 ENIAC 最终被发明出来时，科学家们才第一次意识到，真空管可以用来制造计算机[3]。

因此，尽管真空管是计算机发明道路上的一大关键踏脚石，却几乎没有人能预见它的作用。事实上，如果你活在 1750 年，目标是制造某种计算机，你绝不会想到要先发明真空管。甚至在真空管问世之后的一百多年里，也没有人意识到，它会在计算机领域被派上大用场。由此可见，带有踏脚石性质的物件和最终产品并不相像，比如真空管不会让人们一下子就联想到计算机。但奇怪的是，在一个储藏有历史上所有具备可能性发明物件的"大房间"中，真空管恰巧就在计算机旁边——一旦真空管被发明出来，离计算机的发明便很近了，你只需要发掘出两者之间的联系。那么问题来了，谁有本事能提前想到这一点呢？毕竟这个"搜索空间"的排布或结构几乎完全无法被预测。

不幸的是，对于几乎所有"高大上"的目标而言，这种不可预测性是必然的，而非偶发的。比如世界上第一台发动机并非为了飞机而发明的，但莱特兄弟必然需要发动机来制造飞行器。微波技术最初也并不是为微波炉专门发明的，而是被用于驱动雷达的磁控管部件。直到 1946 年，珀西·斯宾塞（Percy Spencer）注意到磁控管融化了他口袋里的一块巧克力，人们这才明白，微波技术是发明微波炉的踏脚石[4]。

上述这些迟来的启示和偶然的发现，暴露了目标的风险性。如果你的目标是发明微波炉，你肯定不会想到去研究雷达；如果你想发明一架飞机（就像无数发明家多年来一无所获那般），你也不会想到花几十年时间去发明一台发动机；如果你想学 19 世纪 20 年代的查尔斯·巴贝奇（Charles Babbage）[5] 那样，试图制造一台计算机，也不会想到把余生用来研究真空管技术。但在此类情况下，你永远不会做的事情，恰是你应该做的。矛盾之处在于，只有那些没有把发明微波炉、飞机或计算机等终端产品作为终极目标的人，才能完善通往这些发明的关键踏脚石。所以，作为一个容纳所有具备可能性事物的大空间，"搜索空间"的结构，确实很诡异。因为实现目标需要找到其踏脚石，但目标本身反而分散了搜寻踏脚石的注意力。这种"灯下黑"的感觉，无疑是最让人糟心的了！如果对计算机这一"美玉"太过执迷，你便永远也不会想到真空管这一"他山之石"。所以问题在于，那些"高大上"的目标往往具有欺骗性。如果我们仅是奔着最终目的，一根筋地去追寻、无暇他顾，到手的只会是一张空头支票。我们往往不得不放弃目标，结果反而有机会重新实现它们。

这一悖论不仅发生在历史事件中，至今也还同样适用。上至最严峻的社会挑战，下至个人抱负，如果我们仅是基于自己的目标而规划出一条道路，那么很可能会与踏脚石擦肩而过。这一见解又引出了其他棘手的问题，它们和踏脚石与生俱来的诡异特性有关。比如考试拿高分，真的能让你精通某门学科吗？人工智能的关键，真的与智力有关吗？找到一份更高薪的工作，真的能让你更接近成为百万富翁的梦想吗？癌症会因非癌症研究人员的某项发现而被治愈吗？电视技术的进步，真的使我们离全息电视更近一步了吗？

事实证明，成功的衡量标准——用于判断我们是否朝着正确的方向前进——往往具有欺骗性，因为它阻碍了发掘必不可少的真正的踏脚石。因而在此基础上，质疑我们的许多努力，也有一定道理。但实际上，其意义不仅仅在于质疑特定的追求及其目标。再往深处想一想，我们可能会问，为什么我们所认为的"高大上"的追求，就必须得由目标来驱动呢？

***

不难发现，一些伟大的想法从未成为任何人的目标。摇滚乐的灵感源于爵士乐、布鲁斯蓝调、福音和乡村音乐。在某种程度上，上述音乐流派都充当了摇滚乐的踏脚石，但没有人试图去发现摇滚乐，因为无人知道其有没有存在的可能。爵士乐手并没有试图影响摇滚乐的诞生，就像拉格泰姆 [①]（Ragtime）的作曲家，并未有意识地试图塑造爵士乐一样。即便如此，拉格泰姆音乐确实塑造了爵士乐，爵士乐随后也塑造了摇滚乐。

[①] 一种美国流行音乐。拉格泰姆把非洲音乐节奏的基本元素引入流行音乐，为爵士乐的兴起创造了条件。——译者注

在摇滚乐诞生初期，贝西伯爵（Count Basie）就已是爵士乐界一位备受尊敬的人物，他就新音乐风格的产生，给出了自己的看法："如果你想琢磨出一个新的方向，或一种真正的新方法来做某件事，你只需要演奏自己的音乐，然后自由发挥即可。真正的发明家在创作上无非就是'随心而动，随意而行'。"有趣的是，在 20 世纪早期，人们不仅完全无法预测爵士乐和布鲁斯会发展成摇滚乐，甚至没有人对此上心，因为摇滚乐并不是一个既定目标。我们只是瞎猫碰上了死耗子，凑巧在存有各色音乐流派的房间中摸对了路子，便在 20 世纪 40 年代末撞见了它[6]。

论及摇滚乐的普及，"猫王"埃尔维斯·普雷斯利厥功至伟。有趣的是，他极富辨识度的嗓音，也并非刻意的安排。吉他手斯科特·摩尔（Scotty Moore）回忆道："猫王突然就开始唱这首歌，蹦蹦跳跳得像个傻瓜，然后比尔拿起他的贝斯，也开始装疯卖傻，随后我也被传染了。录音师探头问：'你们干嘛呢？'我们说：'我们也不知道[6]。'"所以谁能想到，正是猫王不经意间的"失心疯"，而非某种苦心孤诣、旨在改革流行音乐的强烈欲望，改变了摇滚乐的世界。猫王和摇滚乐的故事说明，目标可能会阻碍新发现，而没有目标，反而有可能通往最伟大的发现。

然而问题是，目标作为一颗"强效定心丸"，我们很难轻易将其放弃。至少，它似乎能使我们免受世上各种不确定因素的烦扰，因其给予了我们一种使命感，以及"只要肯努力，就一定会成功"的心理期待。毫无疑问，在各种可能性中漫无目标地前行，这种"随心随性大法"可没法打动那些把"有志者，事竟成"奉为圭臬的成功人士。但这并非本书想要表达的观点，因为我们非必须要在"死脑筋地追随目标"和"漫无目标地徘徊"这两个选项之间挑出个对错来。相反，真正的意图比这要更微妙，也给予我们更多的自由。我们想告诉你的是，即使没有目标，我们也能明智地探寻一个又一个"搜索空间"。换言之，你还有第三种方法可用。即使没有目标，也并不意味着徘徊不前，我们可以借此把握通往"发现之地"的正确航向，避开追求"既定结果"诱饵的陷阱。

本书的后续章节将阐述另一个重要原则：有时候，实现"宏图大志"的最佳方法，便是"不刻意追求某个特定志向"（因为越是刻意追求，越是事与愿违）。换句话说，如果你愿意停止追求特定的"伟大功绩"，那么便有可能实现伟大的事业。尤其是发现对目标的讨论似乎会引发一个又一个悖论后，停止追求明确的"伟大"目标更应该被视为正理。生命中最伟大的时刻和顿悟，不都是出乎意料或计划之外的吗？机缘巧合在生活中所扮角色的分量往往超乎我们的想象，这并非毫无道理。虽然说起来像是一场意外之喜，但也许不全是偶然。事实上，正如我们所说的，除了纯粹依靠看不见摸不着的运气之外，我们还可以做很多事情来主动吸引"机缘"的傍身。

我们希望下面的话能让你跳出思维的束缚：我们的世界充斥着为了获得成功而设置的各色目标和衡量标准，这使我们的生活变得机械化，压抑了我们的生活热情，但通往幸福和成功还有其他途径。当直觉告诉你有要事发生时，你不仅可以相信它，而且应当深信不疑。即使你无法将其解释清楚，也不需要绞尽脑汁地编个理由来为你每一次小小的心血来潮正名。无论如何，这种态度更有益于整个人类群体。本书也会提供可靠的科学证据来支持这一观点：我们因过分执迷于目标而错失良多。

萦绕在我们周围的目标文化，并非自然天成。有几个小孩子在出去玩之前会定个目标？又有几位大科学家，在发表一项伟大构思之前真的提出了相关假设？你是否曾告诉自己，某件事因为没有明确的目标作为支撑，所以不能做？当尽了最大努力，却仍未实现最高目标时，你是否自责过？为什么有这么多人觉得，我们的创造力像是被机械流水线似的现代社会扼住了喉咙？我们内心深知，自己并非仅仅为了一个又一个目标而活。太过执着于目标，也是不健康的。那些基于目标，用来评判"我们的时间都去哪儿了"的条条框框，从根本上讲都是错误的。

同时，本书不仅仅涉及个人思维的解放。事实上，目标观念已是相当普遍且深入人心，如果没有目标，貌似一切都会受到影响。放弃对目标的执着，可以改变科学的进程，改变工程师构思项目的方式，建筑师能琢磨出新思路，设计师能获得成功。它可以改变我们对自然进化和计算机科学家如何研发算法的理解，可以把工程变成艺术，把艺术变成科学；它可以在不同学科之间架起桥梁，打破彼此之间的壁垒，可以重新定义创业精神，调整我们投资的重点；它还可以让自负的人学会谦逊，让自卑的人找回自信。简言之，目标是我们的文化支柱，但也是限制潜能的樊笼，所以现在是时候突破限制，去探索外面的世界了。

我和本书的另一位作者，皆是受过专业教育的计算机科学家。我们两人最初都不想对"目标的价值"这个相当普世，且看似"无懈可击"的话题来针砭一二。相反，我们一直对人工智能颇感兴趣，这也是我们主攻的专业领域。但有趣的是，正如本书的主题一样，你永远不知道脚下的路会通往何方。事实证明，即便在人工智能领域，目标的影响力也无处不在。人工智能研究人员开发的许多计算机程序，都是为了达成这样或那样的目标而设计的，这些程序就好像是在模仿我们自己的文化，以同样的方式来定义成功与否。举个例子，人工智能程序的目标，可能是帮助机器人学习如何穿越迷宫。由于人工智能领域本身自带很强的目标导向性，也许终有一天，人工智能研究人员也会不可避免地陷入目标本身导致的陷阱。

我们从一个人工智能项目中发现，目标本身存在着一个深层次且很可能还未被认识到的问题（将在本书第三章详述）。这个问题不仅仅涉及人工智能，还牵扯到人们如何选专业、找对象以及择业等方方面面的选择。上至探寻伟大发现，下至打发闲暇时间，都与其息息相关。它与幸福和成功也有关联，但又不仅限于这些事情。它同样关系到我们对于"是什么真正催生了重大进步和成果"这一问题的理解。一旦搞清楚了这一点，我们的观念和视角就会真正发生转变。那时，我们就能把更多的时间，放在实实在在的重要事项上，而非消耗在担心谬误的陷阱——"目标的神话"之上。

第二章

无目标者的胜利

在你规划之际，生活已悄然前行。

——约翰·列侬（John Lennon）

有时候，人生的轨迹会如我们所愿地发展，比如你学了会计专业，最后成了一名会计师；你小时候热衷于打篮球，长大后如愿进入校篮球队。但那些伟大的成功，那些横空出世，随后颠覆整个行业或体系的成就，通常不会遵循这样的剧本。没有人敢确保参加了超级巨星训练营，就一定能够成为风靡全球的明星。改变世界的神奇公式并不存在，或者说，伟大的成就并没有所谓的成功脚本，它们往往没有经过周密的计划便诞生。

以职业发展为例，市面上存在海量的目标职业选择指南或资源，你可以阅读理查德·博利斯（Richard Bolles）的《你的降落伞是什么颜色？》（*What Color Is Your Parachute?*），了解如何选择并得到一份适合自己的工作[7]。或者可以参加"择业指南"（Career Key）测试，搞清楚自己这辈子应该以何为生[8]。除此之外，还有坎贝尔兴趣和技能量表（Campbell Interest and Skill Survey）[9]、迈尔斯－布里格斯类型指标（MBTI: Myers-Briggs Type Indicator）[10] 和凯尔西气质分类法（Keirsey Temperament Sorter）[11] 等性格测试、技能评估、工作价值观测试，等等。亚马逊网站上，以职业选择和发展为主题的书籍，总量已经超过了 9.7 万本。如果你在求职路上感到迷茫，总会有一位职业导师摩拳擦掌，想要帮你规划人生。

尽管这些"专业人士"的指点，对某些人颇为受用，但其他人可能选择不按套路行事。有些人设定了目标，但最终却完全没有实现——这样反而更好。为什么偏离既定目标之后反而取得更大成就的神奇故事，在那些最成功的人身上如此常见？为什么他们不需要听从所谓职业顾问的意见？究其本质，这并非不可破解的谜题，因为要预测什么道路可以通往最令人满意的结果，本身就很困难。与生活中所有的开放式问题一样，通往成功的踏脚石，往往是未知的。因此，我们在进入一个充满不确定性的世界时，不时地顺应偶然性，遵从它的指引，也不见得是坏事。对未知的机会秉持开放和灵活的态度，有时候比明确地知道自己要做什么更重要。毕竟，条条大路通罗马，哪怕是最出乎意料的道路，也可能通往幸福的彼岸。有些人似乎天生就掌握了发现这种意外机遇的秘诀，哪怕这些机遇与他们最初设定的目标背道而驰。

享誉全球的顶尖心理学大师理查德·怀斯曼（Richard Wiseman）[12] 曾做过一个有趣的实验，他要求受试者数出一份报纸中照片的总数量。研究结果表明，那些沉浸于数照片这个目标的人，完成任务的时间比那些不太专注于这个目标的人更长。为什么会这样？那些没把"目标"太当回事的受试者发现，在报纸第二页的内侧已经写着："不要再数了，这份报纸总共有 43 张照片。"尽管有人会争辩说，这些人不过是纯粹的运气使然，但过度专注于既定目标，确实会限制我们寻获意外发现的能力。

也有人会说约翰尼·德普①（Johnny Depp）纯粹是运气好。谁能想到，一个混迹于一支不温不火的乐队的吉他手，会在演艺事业上受到全球的追捧。早知如此，德普不是应该埋头苦练演技，而不是练习吉他吗？但对他而言，成立乐队是正确的踏脚石，尽管最终的结果并不合乎逻辑或符合预期。德普只是坚持了他想成为摇滚巨星的梦想，同时对其他可能的机会保持了开放的态度。事实上，甚至是德普所在高中的校长，也曾告诉过他，其应该追求音乐明星的梦想，而不是按部就班地完成高中学业。尽管德普的音乐事业从未腾飞，但事实证明，加入一支乐队还是给他带来了意想不到的好处。德普不仅娶了乐队贝斯手的妹妹为妻，还通过身为化妆师的妻子的人脉，获得了演艺圈的工作机会[13]。回过头看，如果德普最初的梦想不是成为一名摇滚歌星，他最终可能永远都不会成为一位名动全球的成功演员。

对于那些功成名就的人士而言，此类无心插柳的故事出乎意料的普遍。美国畅销小说家约翰·格里森姆②（John Grisham）在转行成为作家之前，学的是法律专业，还当了

① 约翰尼·德普（1963—），美国著名影视演员，代表作有《剪刀手爱德华》《加勒比海盗》等电影，但他最初的梦想是成为一名摇滚歌星。——译者注

② 约翰·格里森姆（1955—），美国知名的律政小说家，代表作有《失控的陪审团》《鹈鹕案卷》《杀戮时刻》等。——译者注

十年的刑事辩护律师。触发他改变职业赛道的原因是，有一天他无意中听到了一位年仅 12 岁的强奸案受害者的特殊证言。不知何故，这段证词让他意识到，他应该而且能够尝试写作，于是他开始在工作前早早起床，逐步完成第一部小说《杀戮时刻》[14]。接下来，他的另一本小说《陷阱》，在《纽约时报》畅销书排行榜上保持了连续上榜 47 周的记录。正常来说，大多数有抱负的作家，不会选择上法学院学习写作技能。毕竟，与练习创造性写作相比，在尘封的图书馆里阅读无穷无尽的案卷，似乎是糟糕的职业准备，但也许这就是格里森姆反而取得成功的原因——他没有遵循一个常规的作家养成计划。

事实上，如果你想成为一名作家，不走寻常路或许是一个相当不错的策略。在《哈利·波特》系列小说狂卖数百万册之前，J.K. 罗琳在葡萄牙担任英语老师，给那些把英语作为第二语言学习的葡语学生授课[15]。村上春树，这位写出《奇鸟行状录》和《海边的卡夫卡》等获奖作品的日本知名作家，一开始经营着一家咖啡馆和爵士乐酒吧。村上春树确信，如果没有经营酒吧，他永远不会成为一名作家，因为这让他有时间观察和思考。后来他的许多角色，都与他一样喜欢爵士乐。有趣的是，村上春树直到 29 岁才产生了文学创作的灵感和动机[16]。

类似的案例层出不穷。美国硬汉侦探小说的创始人雷蒙德·钱德勒（Raymond Chandler）直到 45 岁"高龄"被石油公司从高管职位上裁掉之后，才开始动笔写作 [17]。被公认大器晚成的哲学家玛丽·米奇利（Mary Midgley）说："我很高兴在 50 岁之前没有写过书，因为在那之前，我不确定自己在想什么。[18]"因此，如果你想成为一名顶级作家，也许你的目标恰恰不应该是成为一名作家。

当然，总有一些捍卫目标导向思维的人，想要阻挠他人实现人生更高层次的梦想。他们总是会告诫我们，要脚踏实地，设定更现实的人生目标。不知为何，这种矛盾在音乐家们的身上显得尤为尖锐。约翰·列侬的母亲就曾告诫他，"吉他当然很好，约翰，但你永远也没办法靠吉他养活自己。[19]"埃尔顿·约翰（Elton John）的父亲，也给出过类似的人生建议。他竭力想要劝说埃尔顿放弃"成为音乐明星"这个不靠谱的愿望 [20]。选择一个现实的人生目标，对我们所有人来说并不陌生，只要想想那句老话"现实一点，别做白日梦了"，你就懂了。尽管选择现实人生目标的压力，显然对音乐家们的影响更大，但他们的故事，实际上反映了一个更广泛的文化传统：在人生目标的选择上，追随本心似乎比追求实际更愚蠢。

但在某些情况下，成就伟大事业的种子早已埋下，只待合适时机破土发芽。哈兰德·大卫·桑德斯 ①（Harland David Sanders）（更知名的昵称是桑德斯上校）的父亲，在他 6 岁时去世，而他的母亲又要工作，桑德斯便担当起为家人做饭

---

① 哈兰德·大卫·桑德斯（1890—1980），肯德基品牌的创始人。

的责任，但直到 40 岁才以此谋生。在这期间，桑德斯从事过多份工作，包括轮船驾驶员、保险经纪人，甚至务农。但直到他开了一家加油服务站，顺便为客人烹鸡[21]，成功的机会才到来。没有人能够预料到如此曲折的职业道路，最终会带来风靡全球的肯德基，但唯一能确定的是：桑德斯上校毫不犹豫地抓住了偶然性的风向——他在整个早期人生经历中，表现出了灵活转换方向的意愿——而这最终带来了成功的事业作为回报。

所有这些成功故事的共同点是，大获成功的人，都偏离了最初的职业道路，无论这些道路是由他们自己还是其他人规划的。不知何故，原本看似正确的目标，最终变成了通往截然不同的职业目标的踏脚石。无论是德普对音乐的热爱意外地把他拉进了演艺圈，还是格里森姆在法律领域的从业经历最终激发了他的写作灵感，我们永远不知道这些踏脚石最终会通往多远的地方。不知何故，这些成功人士都对偏离既定的道路保持了开放的态度。他们大获成功的秘诀，似乎是愿意在感觉到对的苗头时，做出彻底的改变，而不是盲目地忠诚于最初的目标。正如我们所看到的那样，这种转变可能带来令人惊叹的伟大成就。

你可能会说，这种成功的故事，只会发生在天选之人身上。但是偶然性实际上并不那么挑人。一项同行评议的研究发现，近三分之二的成年人。将他们职业选择的某些因素归因于偶然性[22]。正如一位受访者所说："我偶然参观了一家动物医院，并对兽医学产生了兴趣，最终转行成了兽医。"因此，你永远不知道，自己会意外发现何种隐藏的职业激情。

已经有部分职业专家开始认真对待这一趋势。正如一项大型调查显示："诸如志愿服务、加入俱乐部等与其他人或团体的常规接触行为，很可能会增加客户获得意外职业经历的机会。[23]"请注意这项研究结果对"意外"经历的强调，这些体验不同寻常的地方在于，它们并没有试图找出最好的工作，并将其作为一个目标来追求；也不是什么冷冰冰的测试，试图通过几个多项选择题，将人划分为特定类型的人格。它只是建议，所有人都应该开始寻找可能通往成功的踏脚石，且无需事先设定任何特定的终点。

***

这个非目标性原则的好处是，它不仅适用于职业的选择，还适用于几乎任何涉及寻找目标或意义的事情，覆盖了广泛的领域和主题。恰恰因为带来最伟大成果的踏脚石是未知的，所以不试图寻找特定的东西，往往会带来最令人兴奋的发现（或自我发现）。在本书中，从计算机仿真到教育系统，这种不试图发现任何事情，但最终带来了意外发现的例子，将反复出现。

谁能想到会有这么多不同的场景，遵循这个看似有违常理，但却至关重要的基本原则呢？成功的关键在于，我们要对一个不断变化的环境保持开放态度。在这个环境中，既定目标带来的虚假表象可能会欺骗我们，但看穿它就可以带来解放和自由。取得伟大成就的人愿意放弃原来设定的目标，并在新的机会出现时，勇敢地抓住它。在此类情况下，重要的是避免被锁死在最初的宏伟目标上，对目前的踏脚石可能带来的结果保持关注和开放。有时我们只需要感觉到"这件事有潜力"就可以——无论是成为一名音乐家，还是找到一种新的烹饪方法——即使这种潜力的未来，仍是未知和不确定的。

虽然"不寻找，就是最好的寻找方式"这个想法略显奇怪，带有些许随缘的禅意，但它确实已经潜伏在我们文化的某些角落。正如洛丽泰·扬 [①]（Loretta Young）所说："不是你找到了爱，而是爱找到了你。""爱"几乎是每个人都在追寻的一个伟大但难以捉摸的目标，我们很容易对"爱"的欺骗性感同身受。但有趣的是，在洛丽泰关于爱情的这句至理名言中，"爱"几乎可以替换成任何遥远且"高大上"的目标。仅仅从追寻爱情这个狭隘的主题上，我们就能窥见追寻"高大上"目标的道路上可能出现的矛盾。正如 D. H. 劳伦斯 [②]（D.H. Lawrence）所说："那些埋头寻找爱的人，只会表现出他们自己缺爱的本质，缺爱之人永远找不到爱。只有拥

[①] 洛丽泰·扬（1913—2000），美国女演员。1948 年因出演《农家女》而获得第 20 届奥斯卡最佳女主角奖。——译者注

[②] 戴维·赫伯特·劳伦斯（通称 D. H. 劳伦斯，1885—1930），20 世纪英国小说家、批评家、诗人、画家。代表作品有《儿子与情人》《虹》《恋爱中的女人》《查泰莱夫人的情人》等。——译者注

有爱的人，才能找到爱，而且他们从来不需要去寻找爱。"[24]

许多人迟早会意识到，心存"理想伴侣"这一先入为主观念，最终往往会事与愿违地找到一个令人失望的伴侣[25]。从大的方面来说，这种认识会影响到包括爱情在内的所有目标，这些领域内最伟大发现的真实性质，往往与人们的想象大相径庭。这就是为什么踏脚石如此具有迷惑性——我们往往将它们与错误的理想进行比较。

我们对爱情领域的这种迷惑性十分熟悉，也许这就让广为传颂的爱情故事，常常有出人意料又令人愉悦的结局。曲折的爱情故事往往表明，最好的结果，不需要通过费尽心思的努力也能实现。这种轻松自在的跌宕起伏，与我们世代信奉的追求梦想的方式，形成了鲜明对比。例如，有一天格蕾丝·古德休①（Grace Goodhue）正在浇花，抬头看到卡尔文·柯立芝②（Calvin Coolidge）站在窗边刮胡子，身上只穿了一条内裤，头上还戴着一顶帽子。幸运的是，古德休被柯立芝的样子逗笑了，笑声也引起了柯立芝的注意[26]。作为未来的美国第一夫人，古德休当时可能并未想到，这样一个穿着内裤刮胡子的人，有朝一日会成为美国总统。未来的柯立芝总统当时也不太可能会想到，他人生最幸福的一个时刻，是被自己的妻子抓到几乎全裸着刮胡子的形象。但话说回

---

① 格雷丝·安娜·古德休·柯立芝（Grace Anna Goodhue Coolidge，1879—1957），美国前总统柯立芝的夫人。——译者注

② 卡尔文·柯立芝（1872—1933），美国第 30 任总统。——译者注

来，计划外的事情，往往就是命运最好的安排。至少在浪漫的爱情领域，我们都体验过"目标很丰满，现实很伤感"的矛盾。毕竟，还有什么目标能比寻求终生幸福更宏伟呢？

我们很熟悉爱情领域的教训，同样的教训有时也会出现在其他领域，比如个人的休闲娱乐活动。与职业选择不同，每个人选择的爱好，往往不是因为一些长期的宏伟计划，而只是出于个人的喜好。因此，没有特定目标的爱好至少也能带来一些个人满足感。随着互联网的普及，世界各地的人更容易分享和发现一些奇奇怪怪的爱好，如"蜗牛赛跑""水下曲棍球""极限滑冰""极限独轮车"，甚至"极限熨衣"（所有这些奇怪的爱好，你都可以在网络上查到）。有些爱好甚至成为通往更大目标的踏脚石。奈森·萨瓦亚（Tathan Sawaya）曾是一名企业律师，非常热衷用乐高积木拼装各种艺术模型。他整日沉迷其中，玩得不亦乐乎，最后决定辞去工作，全职发展这项爱好[27]。尽管偏离最初的职业规划意味着很大风险，但遵循初心再次为他带来了更好的结果。他创作的作品独树一帜，现在非常畅销，足以让他过上衣食无忧的生活。

你或许也曾听说过约瑟夫·赫舍（Joseph Herscher），他把大部分时间花在建造复杂的鲁布·戈德堡机械①（Rube

---

① 鲁布·戈德堡机械是一种被设计得过度复杂的机械组合，以迂回曲折的方法去完成一些其实非常简单的工作，例如倒一杯茶，或打一颗蛋，等等。设计者必须计算精确，令机械的每个部件都能够准确发挥功用，因为任何一个环节出错，都有可能令原定的任务不能达成。由于鲁布·戈德堡机械运作繁复而费时，而且以简陋的零件组合而成，所以整个过程往往会给人荒谬、滑稽的感觉。——译者注

Goldberg machines）上。这些新奇的小东西，除了看着有趣之外，没有任何实际的必要性[28]。在一个装置中，一个球从斜坡上滚下来，落到一个杠杆上，点燃了一根保险丝，烧掉了一根绳子，释放出另一个球。如此循环往复，最终除了帮他翻开报纸外，这个装置什么事也干不了。这用一个英语单词来形容就是 pointless（用来形容"缺乏明确目标"的流行词），他的作品虽然没有什么实用性意义，但照样带来了相当大的意外之喜。数百万人看了他拍摄的作品视频，他也借此成为电视和广播节目的常客。事实上，心理学家已经明确表示，成长期的儿童需要时间来自由探索，不需要成人为他们设定特定的任务或目标[29, 30]。有时，"自由散漫地玩耍（unstructured play）"这个专业术语，会被用来描述这种活动，也许成年人也同样需要这种活动。

当然，当你听到有人将成年后的生活都花在拼乐高积木或建造鲁布·戈德堡机械上时，很容易把他们的兴趣爱好视为愚蠢而轻浮的举动，因为这是对宝贵时间的浪费。但这种"浪费"已经超越了其看似肤浅的表象，带来了更深层次的价值，它们反映了一个事实：我们不知道哪些踏脚石可能会带来有趣的成果。这些人愿意将他们宝贵的生命，投入我们大多数人完全忽视的踏脚石上。对我们所有人而言，这都是一件好事。因为没有人确切地知道，哪些踏脚石会催生最伟大的发现，所以我们最不应该做的事情，就是阻止其他人去探索被我们忽视的踏脚石——谁知道他们会发现什么？当然，这并不意味着所有人都需要突然在某一天幡然醒悟，放弃既定的生活，转而去玩命倒腾鲁布·戈德堡机械。但是，约瑟夫·赫舍很有可能在某天醒来之后，发现他的一台鲁布·戈德堡机械，解决了一个意想不到的问题。

在历史探索领域，我们也见过类似的例子。1879 年，马塞利诺·德·索图拉（Marcelino de Sautuola）—— 一位非专业考古爱好者，在西班牙阿尔塔米拉山附近意外发现了古代洞穴绘画[31]。在此之前，人们对史前绘画的精巧程度一无所知。重要的是，马塞利诺有各种各样的独特爱好，包括洞穴探险和研究古代文物。幸运的是，这些爱好在他探索一个猎人发现的洞穴时成了极大的助力。当时，他的女儿发现了洞顶上的野牛画像，过往丰富多样的爱好和知识储备，令他瞬间意识到这些图画的重要性，并将其传达给一位教授朋友。如果没有他为了自娱自乐而培养的爱好，人们可能永远也不会发现这些洞穴画的重要性和价值。所以，这些爱好出乎意料地成为通往伟大发现的踏脚石。

当他的女儿第一次看到这些洞穴画时，马塞利诺突然意识到，乐趣并不是这些兴趣爱好带来的唯一好处。有趣的是，这种出人意料的转折在许多成功故事的背后相当常见，例如当今的互联网企业。比如为了某个特定目标而创建的一个网站，在被用于原计划之外的新方向后，才真正实现了盈利。举个例子，YouTube 最初是一个视频约会网站[32]。但你上次通过 YouTube 找到约会对象是什么时候？它的创始人转向了视频分享，结果使其火爆全球。说到分享，照片分享服务 Flickr（网络相簿）最初只是一个大型网络社交游戏中附带的一个小功能（它本身的灵感，来自玩一个与照片分享无关的虚拟宠物游戏）[33]。事实证明，照片分享功能的火爆程度最终胜过了它所依托的社交游戏本身。当然，企业在转变目标后大获成功，并不是互联网时代所特有的现象。例如，（现在的）游戏公司任天堂，走的也是一条迂回曲折的成功之路。任天堂成立于 1889 年，早年只是靠销售传统的日本纸牌赚取微薄的利润。到了 20 世纪 60 年代后期，随着纸牌市场的没落，公司几乎破产，不得不尝试新的业务，如提供出租车服务、开"情侣酒店"（还是钟点房那种）、生产速食米饭和销售玩具等。后来新成立的玩具和游戏部门的经理今西绂史（Hiroshi Imanishi）雇用了一群业余工匠，利用周末的空闲时间，尝试开发一些头脑风暴类的产品。其中一位工匠制作的一个可伸展的机械玩具手，给今西绂史留下了深刻的印象，继而将其命名为"超能手"并投放市场。该产品在商业上的巨大成功，促使任天堂放弃了非玩具板块，进而专注于玩具开发。后来任天堂开始进军电子游戏领域，最终成为"超级马里奥兄弟"[34]（Super Mario Brothers）背后的传奇游戏公司。

如果你只能从本章中学到一个道理，那么它也许应该是：每个人都有权追随人生的激情所在，即使它们偏离了最初的计划，或与最初的目标相冲突。因为改变方向的勇气，有时也会带来意想不到的丰厚回报。我们应该牢记的另一个重要真理是：人生的所有事情，并非都需要一个客观的目标。如果你可以选择上一所著名的法学院，而你却选择了一所艺术院校，你的家人和朋友便可能会有一些疑问。"你为什么要放弃这么一个大好'钱'程，转而去做如此不确定的事情？你想达到什么目的？"与其努力编出一个符合实际的理由来证明你的选择并非一拍脑袋，不如直接回答"条条大路通罗马"。没有人知道通往幸福的踏脚石是哪一块。读法学院看起来确实更能够保障未来的富足，但（也许对你来说）幸福是一个更"高大上"的目标，而选择艺术院校，在你的直觉看来，更容易获得幸福。当然，生活充满了风险，有些选择确实不会成功；但那些忽视意外之喜的人，也很少能实现自己的梦想。你可以简洁地告知忧心忡忡的亲朋好友，你发现了一块不错的踏脚石，即使（像所有其他人一样）你并不确定它最终会载着你去往何方。

无论是成功的事业还是爱情，都有充分的证据表明，在诸多最伟大的成功事迹中，盲目地坚持最初的目标并不会带来伟大的成就。在所有这些成功的故事中，人们愿意听从偶然性的召唤，追随激情或奇思妙想，而不是那些合乎逻辑的目标。但是，除了一系列鼓舞人心的名人轶事之外，还有什么其他的证据吗？事实证明，我们对这个有违常理的最初发现，来自一个科学实验的偶然所得。我们将在下一章揭示这个互联网上数百名用户通过软件来培育图片的有趣实验。

第三章

繁育艺术的艺术

我不会追随小路的方向，而是前往无人踏足之地，留下自己的足迹。

——莫瑞尔·史多德（Muriel Strode），《风中的野花》

　　本书的主题是质疑目标的价值，但拥有目标是如此普世和常见的做法，我们要如何开始挑战其根深蒂固的存在意义？撰写本书的灵感，事实上最近才开始闪现。在此之前，我们两位作者并不如诸位想象的那样，毕生的事业就是投入所谓的反目标运动（这样的运动既不存在，也没有蓬勃发展）。我们跟诸位一样，按部就班地做着自己的事情，并如普罗大众一般设定目标，满心欢喜地遵循设定的目标努力前行。唯一不同的是，我们是人工智能领域的研究者，目标就是找出让机器变得更聪明的方法。我们从人工智能研究转向专门撰写一本书来反对目标的设定是一个堪称离奇的故事。讲述这个故事，将帮助诸位了解一个同样离奇的想法从何而来，即为什么目标的设定往往带来很多害处，而非预想的好处。

　　本书的故事真正始于我们研究小组的一个决定，即创建一个名为"图片孵化器"的网站 —— 一次非常独特的科学实验。一开始，设计图片孵化器网站背后的想法与目标之间的关系并不明确。我们其实最初希望将其设计为一个让用户可以真正"繁育"图片的网站。你可能完全无法理解，但它实际上很简单。我们的计划，就是让这个网站可以像动物一样繁殖，即网站上的图片能够像动物一样，繁衍出与父母一代略有不同的"孩子"（就像动物的幼崽那样，尽管与父母有着明显的相似之处，但仍具备自身的独特性）。我们希望，通过允许用户"繁育"他们认为最有趣的图片，随着时间的推移，用户们最终能够培育出令他们感到满意的艺术作品，哪怕他们不是专业的艺术家。

当然，一个繁育艺术的网站，乍听之下非常奇怪。艺术怎么可能被人工繁育呢？一幅毕加索的画总不能像动物一样吸引梵高画作的喜爱，然后结为夫妇，共同孕育后代吧！但事实上，我们已经找到了让艺术品繁育的方法。理解图片孵化器设计逻辑的关键在于，真实的动物在一起繁殖后代时，双方的基因会结合起来，共同形成后代的基因。事实证明，研究人工智能的科学家们已经找到了一种方法，为存储在计算机内部的图片创造了一种人工 DNA。这使我们可以将图片的基因，像动物那样整合到一起。这项技术由理查德·道金斯（Richard Dawkins）在其著作《盲眼钟表匠》中首次提出[35]，有时候也被称为遗传艺术。自从道金斯首次展示这个想法以来，科学家们已经将其能力大大增强，这也是激发我们设计图片孵化网站的部分原因——让全世界的人都能参与到游戏中来，享受到它的乐趣。

了解动物繁育的过程，能够帮助我们理解遗传艺术。想象一下，如果你是一群马的饲养员，就可以决定让哪些公马与哪些母马交配，再等上 11 个月，你就拥有了一群新生的小马。小马的遗传特征，取决于你选择用来交配的公马和母马。如果你想要培育奔跑速度快如闪电的小马，育种的策略便是选择奔跑速度都很快的亲代来交配。当然，有时候育种的目的不一定如此实用，比如你只想要让最漂亮的公马和母马，或者最愚蠢的两匹马相互配对。不管育种的策略是什么，通过筛选亲代，你可以影响到子代小马的基因，它们会自然而然地成为父母基因的混合体。新一代的小马长大之后，就可以重复这个繁育的过程，经过多代的基因筛选，有一部分小马最终会比自己的祖先跑得更快，或变得更傻。经过多代基因筛选，动物的进化方式，最终其实反映了人类饲养者的喜好。

图片孵化网站上的遗传艺术程序的运行方式，与繁殖马匹基本相同，差别仅在于我们选择的对象不是动物，而是图片。图片"繁育"的过程是：屏幕上会显示一组图片（可能同时显示 10 张或 20 张图片），然后用户点击自己喜欢的图片，这些图片就成为下一代图片的"父母"。例如，大多数图片看起来都是圆形的，但用户点击了一张看起来更像方形的图片，那么下一代图片就可能包含许多类似方形的元素（见图 3.1）。换句话说，方形的图片会"繁育"出方形的图片，就像你的孩子可能有一双与你十分相似的眼睛。但就像自然界的生物繁育那样，后代不会长得与父母一模一样，尽管你能够看到父辈与子辈之间的明显相似之处，但后代的基因中，仍隐藏着轻微的变异。

如果你一次又一次地重复这个过程，不停地点击自己喜欢的图片，让它们"繁育"出新的图片，那么经过多次迭代之后，最终生成的图片，将反映出你在这个过程中选择偏好的演变，就像马匹反映出饲养员的喜好那样。遗传艺术的游戏本身充满了乐趣，因为它将允许你探索从未想象过的许多可能性。

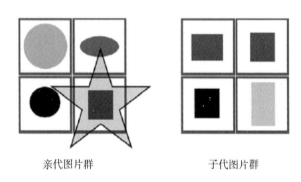

亲代图片群　　　　　　　　　　　子代图片群

图 3.1　亲代和子代图片群示例

注：在这个图片"繁育"的简单示例中，用户在"亲代"图片群中选择了一张类似正方形的图片，结果，下一代的图片（右图，"子代"图片群）就包含了不同类型的方形图片，因为每一张图片都是用户选择的方形图片的后代。

但是，这与目标有什么关系呢？二者之间的确存在关联，但我们可能要费一番功夫才能理解。在考虑预期的育种方向时，目标就会出现，因为它就是你的育种目标。例如，在马匹繁育的案例中，饲养员的目标可能是培育一匹跑得快的马；在图片孵化器网站上，你可能希望"繁育"出一张带有人脸或动物特征的图片。但真正令人惊讶的是，用户培育出的令他们最满意的图片，往往并非他们最初设定的目标。换句话说，在网站用户对自己希望找到的东西保持开放的心态时，图片孵化器网站便能够提供出乎意料但最令人满意的结果。为了理解我们如何能确定这一点，以及为什么它最终与影响我们生活方方面面的诸多目标有关系，我们应该首先了解这个网站发展过程中的一些细节信息。

***

2006 年，我们开发了一种全新的人工图片 DNA，它能生成比以前更丰富、更有意义的图片（你将在下文看到）。更重要的是，这个全新的项目（也就是后来的图片孵化器网站）包含了使它变得尤为有趣的另一个因素，即任何一个互联网用户，都可以利用历史用户"繁育"的图片作为亲本，继续"繁育"下一代。这个功能对图片孵化器网站而言尤为重要，因为这种类型的系统的不足之处在于，用户可能玩了一小会儿之后，就会感到头昏眼花，不想继续了[36]。毕竟，你能一口气盯着满屏的图片多长时间？事实证明，大多数玩家在"繁育"20 代图片（即连续选择 20 次图片）之后，就无法继续集中精力了。但是，只有经过多个代际的进化，才能取得最好的效果。这就意味着仅仅"繁育"20 次，很难产生真正有趣的图片。

当时还是在读博士生的吉米·塞克雷坦（Jimmy Secretan）参加了研究小组的会议，提出了一个聪明的解决方案：将图片孵化器网站变成一项在线服务。这样一来，用户可以将自己之前"繁育"的图片分享给其他用户，而其他用户可以在此基础上继续"繁育"。换句话说，如果你在图片孵化器网站上"繁育"了一个三角形，然后将其发到网上，其他人可以在此基础上继续"繁育"，最终可能会得到一架飞机的图片。在图片孵化器网站上，这种从一个用户转移到另一个用户的过程被称为"支化"（branching）。支化的好处在于，它可以使繁育的过程持续进行下去，远远超过单个用户20个代际的极限。玩累了的用户，可以不断地将自己繁育的图片分享给新用户，为其血统的延续再增加20个代际。最终，经过用户们的前后接力，图片就能完成数百代的进化。

但是，总会有一些用户不想使用从其他用户手上繁育出的已有图片，那么他们可以选择从头开始"繁育"，这也是图片孵化器网站上的每一个有趣的发现开启的方式。从零开始随机构建人造图片DNA（从头开始"繁育"），最终会在你的电脑屏幕上生成一堆简单、随机的模糊斑点。你可以从这些圆形斑点中挑选出"亲代"，然后"繁育"下一代图片。图3.2展示了一位用户从零开始"繁育"的过程。你可以看到，该用户将一组扭曲模糊的斑块，进化成一组形状更圆的图片，里面包含类似嘴巴的弧形线条。这或许是一个有趣的结果，但也算不上什么惊天动地的发现。

但如果你以这种方式一代又一代地挑选亲本图片，你觉得这些图片最终会变得多奇妙呢？事实证明，这些图片最终会超乎你的想象。不管你是否相信，图 3.3 中的每一张图片，都是在图片孵化器网站上以不停繁育迭代的方式培育出来的，所有的图片最初都只是类似图 3.2 的随机斑点。更重要的是，培育这些图片的人，并非接受过专业培训的艺术家，而是因好奇才点进网站的普通用户。事实上，他们中可能很少有人能够仅凭一己之力，独立画出最终在网站上培育出的图片。

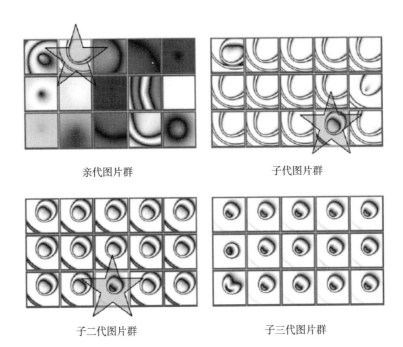

亲代图片群　　　　　　　　子代图片群

子二代图片群　　　　　　　　子三代图片群

图 3.2　图片孵化器网站上从零开始，并经三代选育后得到的图片序列

注：当用户选择图片时，他的个人喜好会影响图片进化的方向。星形标注的图片，就是用户选择的图片，也是后面显示的子代图片的亲本。

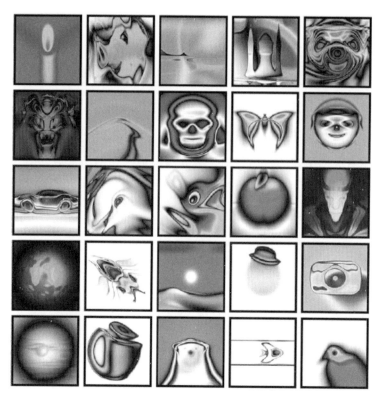

图3.3 图片孵化器网站生成的一些令人惊艳的图片

注：每一张图片都源自一个随机生成的圆形斑点。

网站用户培育出的图片，激起了我们的好奇心，即使有了全新的人造DNA，我们也还没有意识到，这些图片会变得如此生动且富有内涵。从某种意义上说，图3.3中的每一张图片，都是一项独特的发现。同样需重点记住的是，图片孵化器网站的用户经常会利用彼此的选育成果，继续"繁育"新一代图片。例如，图3.3中第二行中间的骷髅头图片，就是这样选育而来的。它实际上是网站的两个用户，以彼此发布的图像为亲本，"繁育"五次后得到的结果（从最初的随机圆形斑点开始，总共"繁育"了74代）。因此，即使最后演化出惊艳图片的用户并不是"白手起家"，但他前面的用户一定是从头开始的，这意味着最终所有的东西，都可以追溯到最初随机的圆形斑点图片。这也会让你感觉到，所有这些令人惊叹的发现，是多么难得。

然后，故事开始变得有趣了。假设你想要在网站上"繁育"出一张类似法国埃菲尔铁塔的图片，你可能会觉得，只要登进图片孵化器网站，然后不断地选择越来越接近目标图片（埃菲尔铁塔）的图片来"繁育"，最终一定会得偿所愿。但有趣的是，最终的结果可能会令你大失所望，事实证明，以进化出一张特定图片为目标去"繁育"图片，是一个糟糕的想法。真相是，一旦你在图片孵化器网站上找到了一张图片，往往就不可能再从头开始"繁育"，并最终进化出同样的图片——哪怕我们知道，这张图片的确是网站繁育和进化出的结果！

为了验证图片孵化器网站这个矛盾的特质，我们启用了一项强大的计算机程序，并迭代了上千次。首先，我们从用户培育并发布在网站上的图片中，选择一张目标图片。然后，计算机程序根据这张目标图片，在每一次的"繁育"中，自动选择与目标图片越来越相似的亲本图片[37]。有趣的是，最终得到的图片，与目标图片完全不同——实验彻底失败了。这就意味着，如果我们将某张图片设定为目标，就绝对不可能将其培育出来。网站上所有的图片，之所以被发现，是因为它们本身并不是繁育和迭代的目标。发现了这些图片的网站用户，无一例外都是那些一开始并没有将它们设定为自己寻找的目标的人。

我们还可以提供一个更具体的案例，图 3.3 中第三行左侧的汽车图片，这张令人尤为惊叹的图片，是由本书的作者肯发现的，我们因此充分地了解了它被发现的过程和背景。最重要的是，我们很明确地知道，在发现它之前，肯的目标并不是要培育一张汽车的图片。相反，肯实际上选择了以前用户培育的酷似外星人脸的图片作为亲代（见图 3.4），并在此基础上进行了支化操作。肯一开始的计划是，培育更多外星人脸的图片，但接下来发生的事情却出人意料——在图片孵化器网站上的所有重大发现，在最终出现之前，几乎都充满了偶然性。随机的突变使外星人的眼睛，在几次迭代之后逐渐下调了位置，乍一看就像是汽车的车轮（见图 3.5）！这就是偶然性！谁能想到，一张外星人脸的图片，最终能演变为一张汽车的图片呢？但事实证明，前者的确是后者的踏脚石。

如果不是因为图片孵化器网站上几乎每张有吸引力的图片，都遵循了同样的偶然性轨迹，这个故事不过是一个有趣的轶事罢了。总会有那么一块意想不到的踏脚石，最终能带来出乎意料的发现。举个例子，请观察图 3.6 中所有怪异的图片，它们都可被视为一块块踏脚石。当我们开始注意到这

图 3.4 外星人脸的图片

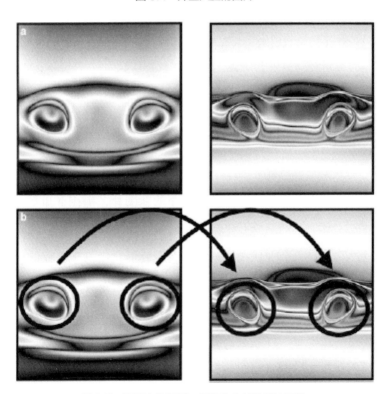

图 3.5 外星人的眼睛，是汽车车轮的亲本图片

注：上图的圆圈标注和箭头说明了关键特征之间隐藏的相似性。

个奇怪的趋势时，就难以忽视其背后的怪异现象，以及令人惊讶的寓意：如果你想在图片孵化器网站上通过图片培育找到一张有意义的图片，最好不要将其作为你的目标。

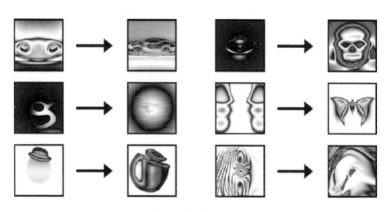

图3.6 最终的图片很少与作为踏脚石的图片相似

注：左边的图片是催生右边图片的踏脚石，尽管它们的外观不尽相同。

事实上，网站上的这些图片，之所以能被意外发掘出来，是因为用户每次在网站上发布的新图片，都在不知不觉中成了其他人的踏脚石。演化出外星人脸图片的用户，从未想过它有一天会变成一辆汽车，而最终演化出汽车图片的用户（本书的作者肯）也没有预料到这一点。没有人预测到汽车图片的出现。因此，有人进化出外星人脸图片，并将其分享到网站上是一件好事。如果没有这张图片作为踏脚石，也就不会有之后的汽车图片，甚至也就没有这本书了！这个软件系统作为一个整体，得以运作的前提便是它没有统一的目标，每个人都在遵循自己的本能。而最能玩出花样的用户，就是秉持开放心态的人，他们没有刻意地专注于只寻找某一张特定的图片。

换句话说，整个网站上最成功的用户，是没有设定目标的那些人。通过研究网站上的图片并最终得出这个结论后，我们的确感到出乎意料。按照最初的设想，那些最好的图片培育者，应该是先构思了一个目标形象（即他们想要演化出的图片），然后朝着这个目标不断前进的人。但事实证明，情况恰恰相反——图片孵化器网站上最令人惊叹的发现，往往出自那些无任何事先规划者之手。而这个初步的观察结果，被证明不仅仅适用于图片生成，还适用于生活的其他领域。

归根结底，图片孵化器网站上的实验过程，与生活中其他事情的演变过程并无本质的不同。你或许有一些想要创造或实现的东西，于是你开始努力寻找能够达成目标的踏脚石，但你又如何能够确定，这些踏脚石真的能够通往设定的目标呢？如果它们最终变得像上文的外星人脸图片那样充满了潜力，但与最终生成的目标图片（汽车图片）完全不同，又该怎么办？在这种情况下，如果我们过于专注希望实现的目标，最终反而可能忽略了实现目标的最关键步骤。我们不禁会想，这个从不起眼的图片孵化网站上分析出的原理，是否真的会影响到生活中与实现目标有关的方方面面？如果是这样，那么这个原理一定很重要，因为目标在生活中无处不在。正如你在上一章看到的所有例子，同样的故事似乎无时无刻地在生活的许多领域反复上演。

但不管我们呈现了多少个情节类似的故事，它依然无法真正地回答：为什么世界会如此运作？因此，我们将在下一章回答这个问题。"放弃目标"有时候往往是最好的决定，这个结论并非空穴来风，不管你是否制定了计划，踏脚石几乎从来不会通往最终目的地。换句话说，不管看起来多么诱人、多么有说服力，遥远而宏伟的目标并不能指引你来到它的身边。宏伟的目标本身就是最不可靠的指南针。

第四章

目标是错误的指南针

在我们所列举的所有偏见中，也许还有一种最根深蒂固的先验性谬论或自然偏见；它不仅在古代世界占据着至高无上的地位，而且仍然对许多最有修养的头脑拥有几乎无可争议的支配权……这就是，一个现象的条件必须，或者至少可能会，类似于现象本身。

——约翰·斯图亚特·穆勒（John Stewart Mill），《逻辑体系》

你或许很少面临踏着一块又一块踏脚石穿越湖泊的问题，但你可以想象一下这个画面。为了增加挑战的难度，你可以想象视线无法穿透的浓雾笼罩着整个湖面，前路由此迷茫不清。离彼岸最近的踏脚石，随着雾气的弥漫而逐渐消失在视野中。当你沿着湖面的踏脚石摸索前行时，身后的湖岸也逐渐在浓雾中消失不见。向前看去，不见彼岸，去处仍笼罩在层层雾气之中，遥不可见。最糟糕的是，你最终会来到一个岔路口，必须抉择应该走哪一条路。

厚重的雾气，让你无法判断这两条路分别通往哪里，但你清楚地知道，其中一条是死胡同，而另一条最终会将你带到湖的对岸。但即使你在这个岔路口做出了正确的选择，接下来可能会出现更多的岔路。在浓雾中踩着踏脚石穿越湖面，意味着你需要在不知道前路通往何方的情况下，做出很多关键的决定。

然而，穿越浓雾笼罩的湖面并非需要应用踏脚石概念的唯一场景。在上一章关于图片孵化器网站的讨论中，踏脚石的概念也反复出现。在任何庞大的、未知的探索空间中，踏脚石代表了抵达最终目标必须跨越的枢纽站。事实上，"踏脚石"这个术语,就是取自在浓雾中踩着踏脚石铺就的未知路径试图穿越湖面的场景。关于探索未知的一个根本问题是,我们通常在开始时,并不知道哪些踏脚石能够通往最终的目标。毕竟,如果我们总是笃定地知道哪些是正确的踏脚石,那便可以轻而易举地实现所有预期的目标。因为这种不确定性的存在,我们需要跨越的未知湖泊总是被笼罩在看不穿的迷雾之中。从某种意义上说,人类面临的现状是:我们被放逐在未知的踏脚石上,只能依赖人类头脑的洞察力作为指引。尽管人类的智慧是一种强大的搜索力量,但不管我们如何聪慧,都很难看到一步之外的未来。1946 年,重达 30吨的 ENIAC 成为通往个人计算机道路上的一块关键踏脚石。但此后人们依然需要花费长达 25 年的时间,经历无数个过渡型号,才最终生产出了全球首部台式机 [38]。

假使我们设定了"高大上"的目标,那么预测踏脚石的方位将变得尤为困难。比如你的目标不过是在海滩上堆出一个沙堡,那么打一个稳固的地基,显然有助于建造出第一座沙堡。这是一块很容易找到的踏脚石。然而,从建造一座沙堡到建造摩天大楼之间,应该经历什么样的踏脚石就没那么显而易见了。事实上,人类花了几个世纪的时间才找出从沙堡到摩天大楼之间的这些踏脚石并逐一跨越。为此,追逐"高大上"的目标存在的另一个问题是,它们的解决方案距离我们可能不止一块踏脚石。尽管天赋异禀、具有远见卓识的人,往往可以为我们指出下一块踏脚石是什么,但有没有人能够一蹴而就，引导我们直接看到遥远的彼岸，看到许多块踏脚石之外的远方呢？

事实证明，从目标的本质出发，可以很好地解释踏脚石为何如此难以预测。回顾本书第一章的内容，我们知道，实现目标的一个关键手段，是确保目标的进程的可衡量性。例如，在教育领域，分数通常被用来衡量学生对某一门学科知识的掌握程度。我们默认一个拿到了 A 评分的学生，对课程的了解和掌握要比一个不及格的学生更好。借用计算机科学和最优化理论（optimization theory）的一个术语，这种衡量标准通常被称为"目标函数"（objective function）。这个术语中包含了"目标"一词也并不奇怪，因为从字面上看，这就是一种衡量目标实现进度的方法。因此，目标函数的优化便意味着我们正在朝着目标靠近。但问题在于，将不断提高的分数与学生正在掌握学科知识画等号并不完全正确。因为向目标靠近的过程，可能并不会增加目标函数的值，哪怕我们确实在向目标靠近。

这种困境听起来令人费解，为何目标函数不能表明人们正朝着正确的方向前进呢？这是因为，目标函数（或任何衡量进步的其他标准）必然是不完美的，毕竟这些衡量标准的提出者是不完美的人类。一个典型且被普遍接受的目标函数类型，不外乎是将当前的状态直接与最终的目标进行比较。当前状态与最终目标的相似度越高，我们赋予目标函数的值就越高。但这种常见的比较方法，反映了一个经验法则，即当你走到岔路口时,最好选择通往预期目的地的那条路。但回顾上一章关于图片孵化器网站的内容,我们讲到了一个汽车图片的故事,在"繁育"出汽车图片的过程中,这种选择方法往往会产生误导。回想一下,"汽车"图片的前身是"外星人脸"图片,如果我们为"获得汽车图片"这一目标设定的函数是"它有多像一辆汽车?",那么外星人脸图片的函数得分会很低,因为它看起来根本不像汽车。但实验最终证明,"外星人脸"图片恰恰是通往"汽车图片"的正确踏脚石。这个故事充分说明,总是将当前的现状与预期的目标进行比较的方法,蕴含着很高的潜在风险。

当目标函数充当了错误的指南针,这种情况就被称为"欺骗"(deception),这也是探索的过程中人们普遍遭遇的一个基本问题。在存在欺骗的情况下,通往目标的踏脚石可能并不会增加目标函数的值,所以最终的目标可能是充满欺骗性的。这就好比你带着一个坏掉的指南针,去跳跃浓雾笼罩的湖面上的一块块踏脚石,如果指南针指向了错误的方向,那么你就会被其欺骗,永远无法抵达正确的彼岸。

为了更具体地说明这个概念,我们选了一个关于这种欺骗性的绝佳例子,也就是所谓的"中国指铐"[①](Chinese finger trap)。这个整蛊玩具的外形像一根空心管子,看起来不会伤人,但玩家将自己的左右食指同时伸入这根看似平平

---

① 也可以称作"中国手指陷阱",是一种整蛊玩具。——译者注

无奇的管子的两头之后，手指就会被牢牢卡住，拔得越用力，卡得就越紧。中国指铐的欺骗性在于，让手指重获自由的正确方法是继续往内推，这同"让手指获得自由"的目标背道而驰。换句话说，通往自由的踏脚石，是变得更不自由。这个案例很好地说明了目标的欺骗性，因为它也展示了衡量实现目标进展的常规方法错得多么离谱。如果你的目标是摆脱中国指铐的陷阱，那么用"离自由有多近"的程度作为其衡量标准，恰恰是错误的做法。

或许你会认为中国指铐这样的例子有失公允。毕竟作为整蛊道具，其目标就是要欺骗你。但是，中国指铐的陷阱实际上比我们想要解决的各种问题或我们想要探索的各种发现简单得多。中国指铐其实只有一块欺骗性的踏脚石，所以想要研发出接近人类智力的人工智能或治愈癌症这样的"高大上"目标，无疑将遭遇比这多得多的欺骗性踏脚石。事实上，探索任何复杂问题的过程都将充斥无数欺骗性的踏脚石。

以常见的国际象棋为例，有很多看起来能够帮助我们赢得棋局的走法（比如吃掉对手的一个棋子），后来却因为微妙的、不可预知的影响，而成为昏招。这种不可预知的影响，已经让国际象棋的对弈变得波诡云谲。想想看，我们生活的世界，远比一盘棋局复杂，所以欺骗无处不在。我们需要正视的一个真理是，如若无法克服一定程度的欺骗，我们就不可能取得任何伟大的成就。任何不包含欺骗性的问题，都是小事，因为解决它的踏脚石是显而易见的。显然，对于那些

"高大上"的目标，我们还没能找到正确的踏脚石，没法解决这些问题。这也就是欺骗性无处不在的原因。类似中国指铐陷阱这样的难题，总是会利用人类错误的假设，哪怕在国际象棋中，看似胜利在望的局面也可能会在十步之后突然转为溃败。然而，我们也不必为此灰心丧气，总会有外星人脸的图片出乎意料地变成汽车的图片，就像真空管的发明最终促成了计算机的问世，拉格泰姆最终催生了摇滚乐那样。

***

欺骗性往往是目标不能带来伟大成就的关键原因。如果目标具有欺骗性（其实大多数"高大上"的目标都如此），那么设定目标并以此为我们努力方向的做法对实现目标没有什么帮助。然而，除了专注于目标之外，我们还有一个替代方案。请回顾上一章关于图片孵化器的内容，这个网站最有趣的一点便是不设定最终的目标。换言之，其目的并非寻找某些特定类型的终极图片，即所有图片中的"巅峰之作"（通常来说，终极图片产生后，其他图片都不会再有意义）。更好的方法是把图片孵化器网站看成一个踏脚石收集器，它收集的踏脚石能够创造出发现更多踏脚石的可能性。此外，收集踏脚石与追求一个目标不同的是，图片孵化器网站收集的踏脚石，并不指向某个特定的地方。相反，它们可以是通往任何方向的道路。要想到达非凡之地，我们必须对多条道路敞开怀抱，不执着于明悉这些道路最终会抵达何方。图片孵化器网站的实验表明，这样一个完全开放式的系统是可行的。

然而，在所谓的"无目标伟大探索系统"中，图片孵化器网站只是一个很小的例子，还有一些更重要的演变过程也是以同样的方式进行。以几个非常重要的发现为例，自然进化和人类创新都是在事先没有任何终极目标的情况下发生的。这两个至关重要的过程都比图片孵化器网站更深刻、更复杂，但仍然遵循了无目标的原则，这着实令人震惊。然而，目标思维的力量在我们的文化中是如此根深蒂固，以至于我们倾向于认为生物的进化和人类的创新都是由目标驱动的。此时此刻，你甚至可能开始质疑，我们两位作者怎么能够声称自然进化或人类创新没有任何目标呢？鉴于我们已经在上一章看到了无目标的探索在图片孵化器网站上呈现的有违常理的变化，我们不妨更进一步地思考，为何目标导向思维，哪怕在自然进化这样无人不知的过程中也同样发挥了误导作用。这或许会是一个有趣的反思过程。请注意，本书大部分章节的内容，都将专注于引导诸位挑战不同领域的目标导向思维。在每一个案例中，我们都会首先展示传统的、基于目标的探索和发现的观点是如何反过来阻碍了人类的进步，然后强调非目标性思维如何以全新的视角重塑已有的假设。生物的进化——作为地球上最终极的发现过程——是我们尝试重新审视整个过程的一个极佳切入点。

自然进化是一个充满发现和创造的过程，产生了多样且极其复杂的生物体。我们熟知的自然界，在很大程度上都是自然进化的产物，从遍布全球、孕育了生命的绿色植被再到人类自身，自然进化创造的生物复杂性和规模再怎么被崇拜都不为过。就连人类大脑也是进化的产物。人脑有约120~140亿个神经元，其复杂程度远远超过人类本身能够设计的任何事物。有趣的是，当前流行的观点将自然进化解释为一个过程，在这个过程中，不同性状似乎都是为了满足某种全球性的目标才出现的，进而把自然进化描述为一个特殊的、不断优化的过程。然而，就像上一章的图片孵化器网站一样，自然进化背后的故事，远比这更复杂。

我们不妨尝试一个思维实验，看看将目标思维应用于自然进化会发生什么。你可以把这个实验看成高中生物实验的终极挑战版。想象一下，你拿到一个地球大小的庞大培养皿，在这个培养皿中有一个单细胞生物，它相当于地球上最早的活细胞，所有其他生命形式，最终都需要从这个单细胞生物进化而来。你的实验目标，就是通过选择应该繁衍的生物体，以期进化出具有人类智能的生物体。该实验的基本逻辑是，通过你个人的选择取代自然选择，决定哪些生物可以繁衍。例如，你碰巧发现了一个看起来异常聪明的变形虫，就可以选择它进行繁殖，继而产出更多像它一样充满智慧的变形虫。当然，这听起来是一个艰巨的任务，但想一想，你拥有40亿年的时间来完成这个实验，难度是不是就降低了？

这个实验的伟大之处在于，我们知道它的确有成功的可能性。因为地球上最原始的那些单细胞生物，经过数十亿年的进化，确实进化出了人类。因此实验最终是否会成功，是一个无需担心的问题。地球当前的状态，就证明了自然进化是成功的。这个实验的关键挑战在于，如何成为一个好的育种者。因为在实验中，人为地选择哪种生物来繁衍，跟自然界动物之间的交配繁殖没什么两样。你要做的不过是选择越来越接近人类的父本和母本进行交配。然后，可能在你反应过来之前，整个进化过程已经完成了（但不可否认，这个过程可能需要持续几十亿年的时间）。

那么，你应该采取什么策略，才能将单细胞生物一直培育成具有人类智力水平的生物？我们希望给你提供一个思路清晰、直指核心的方法——对单细胞生物进行智力测试！然后你需要做的，就是挑选得分最高的生物，作为下一代的亲本。很快，我们就能找到真正的"爱因斯坦"了，对吗？

但也可能事与愿违，因为这种策略显然有致命的缺陷。如果你真的对单细胞生物进行智力测试，那么它们能不能存活下来都是个问题，更别说进化出任何类型的智能生物了。但是，为什么此类通过智力测试筛选进化方向的方法就行不通呢？毕竟这个方法遵循了目标导向的普遍进度衡量原则，也就是通过比较当前的位置和想要达到的位置，来衡量我们在实现目标方面的进展。但这个原则的正确性和适用性越来越令人怀疑，正如这个思维实验再次揭示的那样。

问题就出在这些看似通往人类智能水平的踏脚石，根本就不代表任何智力。换句话说，"人类的智力"是进化论的一个欺骗性目标。欺骗再一次发挥了迷惑和误导的作用。从单细胞生物到人类的进化过程，真正的踏脚石并非提升智力水平，而是多细胞化和两侧对称等与智力毫无关系的突破。几百万年前，人类的祖先还是一只扁形虫。它在智力方面没有任何值得称道之处，但其一项伟大意义是进化出了生物的双侧对称性。谁能想到生物的两侧对称，是写出一首好诗的必要条件？但它的确是创造出莎士比亚道路上的一块重要踏脚石。利用智力测试决定进化方向的问题在于，它完全忽略了这些具有里程碑意义的重要发现。相反，它浪费了宝贵的精力，来测量一种直到数百万年（人类出现）之后，才会具有重要意义的属性（智力）。正如哲学家马歇尔·麦克卢汉（Marshall McLuhan）所说："我不知道是谁发现了水，但它肯定不是一种鱼。"或借用科学家查尔斯·萨克尔[①]（Charles P. Thacker）的话："在铁路时代到来之前，你不可能建造铁路。"同理，即便你想进化智力，也不应该对原始的单细胞生物进行智力测试。

显而易见的是，对一个单细胞生物进行智力测试（或任何类型的智力测试）无疑是荒谬的举动。但这个做法的荒谬性，恰恰是我们想要强调的重点，这也是为什么这个思维实验为那些仍然盲目信奉目标的伟大力量的人敲响了警钟。同

---

① 查尔斯·萨克尔（1943—2017），美国计算机科学家，因设计与实现了第一台现代个人电脑 Xerox Alto 而荣获 2009 年图灵奖，被誉为"现代 PC 之父"。——译者注

理，将自己当前正在培育的图片与骷髅头图片进行比较，然后在图片孵化器网站上搜索类似骷髅头的图片作为父本和母本进行培育，其荒谬程度是否降低了？同样，通过衡量我们迄今为止最有可能实现的方法与任何遥远的、"高大上"的目标的接近程度，以期实现这些"高大上"的目标的做法，是不是就没有那么荒谬了？这个思维实验想要揭示的是，由目标驱动和以目标为导向来追求成功的传统做法，可能会导致真正荒谬的行为。然而，无论荒谬与否，"目标能够推动伟大事业实现"这一假设，已然主导了我们文化和日常生活的方方面面。

让我们回到思维实验室，再度审视地球这个巨大的培养皿。如果我们不能根据父本和母本与目标的相似程度来挑选亲本，那么我们还有什么其他选择？我们应该如何完成进化这一伟大的挑战？显而易见的是，必然存在一个行得通的方案，因为人类这种水平的智力最终的确进化出来了。但是，自然界的进化过程，并不是让化学培养皿中漂浮的单细胞生物进行智力测试，这个过程再次印证了我们在图片孵化器网站上得出的实验结论。地球上的自然进化，并没有试图进化出人类这种水平的智力，而这恰恰是自然进化能够最终得出这个结果的唯一原因。换句话说，在数十亿年史诗般的进化中，生成人类那般拥有百亿神经元的大脑这一惊人结果的唯一途径，恰恰是不要将它作为目标。正如本书的作者肯只能通过不试图进化汽车图片来进化出图片孵化器网站上的汽车图片那样，大自然也只能通过不试图进化出人类来最终进化出具有智慧的人类。

与图片孵化器网站一样，自然界的进化也是一个收集踏脚石的过程。收集这些踏脚石，并不是因为它们可能通往某个遥远的重要目标——某个所有生命都指向的、终极的超级有机体，而是因为它们本身具有良好的适应性。在通往人类的进化道路上，每一种生物都在繁衍生息，因为它在自己所处的时代和自己的生态位中都是成功的存在。扁形虫用它们新发现的对称身体蠕动着，继续生存和繁衍，而繁衍就是进化过程中延续血脉的唯一要求。一些旁系后代是否会进化成为人类，就与它无关了。按照这个意义理解，自然界最终产生的东西，并不是它最初的目标，就像图片孵化器网站一样。这就是自然界能够产生这么多非凡且多样化生物的根本原因。

***

想想看，我们生活中有多少人造产品的灵感源自自然进化的产物，尽管这些产物都不是自然进化的目标。例如，鸟类的飞行激发了航空旅行的灵感，但从来没有人为了实现"飞行"的目标而选择繁育鸟类的遥远祖先；光合作用给人们带来了利用太阳能的灵感，但植物得以进化出光合作用，并非因为这是刻意设定的目标；甚至人类的思维，也激发了人工智能研究的灵感，但正如上文的思维实验所显示的那样，以产生人类智能为唯一目标而开启的进化过程是愚蠢的。归根结底，人类社会许多伟大的工程发明，如飞行、太阳能、人工智能，并不是进化的预设目标，尽管进化过程的确创造了所有这些东西。进化过程之所以能够带来这些伟大的发明，是因为自然界是一个踏脚石的收集器，持续积累着生成更复杂、更新奇事物的方法步骤。在可能带来新生命形式的、浓雾笼罩的进化湖面，它始终大步向前。虽然没有设定任何具体的前进方向，但它可能会抵达任何地方。而这就是现代人越来越熟悉的、能够带来惊人成果的创新过程的显著特征。

即便如此，人们依然普遍认为自然进化确实存在一个"高大上"的终极目标，那就是生存和繁衍。这个关于生存和繁衍的故事很受欢迎，并支持了这样的文化假设，即所有伟大成就，都是由目标驱动的。但是，当目标的故事围绕着"生存和繁衍"这样的开放式约束条件展开时，我们应该小心对待。因为满足约束条件，与通常意义上的目标驱动获得的成就，有很大的不同。

比如说，目标驱动的产物与最初的目标不相似或无关的情况有多常见？鸟类是进化的产物，但鸟类并不是目标。在进化的"生存和繁衍"这个宏大目标中，没有任何地方提及鸟类。有哪个企业家在创办公司时，会以创造一个经久不衰的产品作为唯一目标？如果他们设定了这样的目标，但最终建造了一架飞机，是不是显得很荒谬？我们很难将这种情况视为正常的商业计划，更谈不上是否高瞻远瞩了。通常情况下，目标应该是一个明确而具体的产物，且在成功实现目标的情况下，你最终确实会生产出它，而非一个模糊的笼统的描述。

当然，这并非"生存和繁衍"这样开放式的"高大上"目标与传统意义上的目标之间的唯一区别。通常情况下，当我们制定一个"高大上"的目标时，我们还没有实现所设定的那个目标。因为在设定目标时就实现是一种非常奇怪的开场方式，你肯定没有见过开跑哨声刚响起就结束的怪异马拉松比赛吧？但这恰恰是以"生存和繁衍"为目标的进化过程进展的方式，即在起点就已经完成了。显然，地球上最早的生物体，都完成了生存和繁衍，否则人类也不可能出现和存在。不仅如此，那些位于生命之树最底层，并最终直接导致人类出现的每一种其他类型的生物，也完成了生存和繁衍的目标。因此，我们拥有了一个令人难以置信的、由成功的生存者和繁衍者构成的进化链，每一个环节的生物都在不断完成着生存和繁衍这个共同的目标。这个过程是否符合目标驱动的伟大发现的传统定义呢？

也许将生存和繁衍看作对进化的一种约束更符合常理。换句话说，这是所有生物的进化必须满足的最低标准。但这个逻辑，并没有描述进化过程可能创造的产物、我们现在和未来可能存在的区别，以及进化背后隐藏的巨大潜力。而通过将自然界中的生存视为一种制约因素而非目标，我们便不再需要将进化生搬硬套进一个目标驱动的过程。

当然，"生存和繁衍"是一个重要的制约因素（在本书最后的结论部分的第一个案例研究中，我们对其进行了更详细的讨论），但它不是我们通常追求的那种目标。如果你想设计一辆汽车，那么你的目标通常应该是设计一辆汽车。而"生存和繁衍"这样的约束，则是截然不同的——它们是替代方案的一部分，在这种情况下，我们放弃了既定的目标，转而去探索踏脚石。"生存和繁衍"是自然进化过程寻找踏脚石的一种手段——它使进化过程能够识别出可能成功催生出其他生物的有机体。但这并不是非目标性探索的唯一手段。事实上，进化也不是世界上唯一遵循这种过程的活动。总的来说，人类的创新也是这样运作的。

***

把人类的创新作为目标，我们可以尝试另一个思维实验。计算机是在 20 世纪才问世的，但如果第一台计算机是在 5 000 年前被发明的呢？因此，我们不妨尝试给互联网的发展提供一个全新的机会。假设我们穿越到 5 000 年前，聚集所有当时最聪明的头脑，这些聪明的先辈们将在一个遥远的隐蔽处开展一项史前的"曼哈顿计划"。我们向他们提出计算机这个奇妙的可编程机器的想法。换句话说，他们的目标，将是在 5 000 年前制造出一台计算机。

这个项目是否有意义？我们希望将史前时代的顶尖人才投入实现这个"高大上"的目标（研发计算机）中，这值得把他们从其他更紧迫的现实问题中拉出来，聚到一起努力。就这个意义而言，这个实验与我们今天可能投资的"高大上"项目相类似都汇集了全球最聪明的头脑，让它们从更现实、更紧迫的问题中抽身而出，投身伟大而遥远的事业。但不幸的是，这不会有好结果，我们还不如直接要求他们制造一台时间机器。

根本问题在于，通往高效计算机的踏脚石，在 5 000 年前还不存在。因此，无论我们的团队多么出色，他们都不可能预见到并开发出组装最终产品所需的踏脚石。正如本书第一章所指出的那样，真空管是早期计算机的奠基性踏脚石，但是计算的概念并没有提供任何关于真空管需求的线索，也没有提供关于电力需求的线索。你可能会反驳说，如果有足够的时间，他们可能会糊里糊涂地解决这个问题，从而找到真空管。但历史并没有给出这样的结果，因为真空管的发明者在发明这个东西时，脑子里想的显然不是计算或计算机的应用。事实上，如果你对电学实验感兴趣，反而更有可能发明出真空管。

目标再一次展现了其欺骗性，把人们从正确的线索上引开。提前获得计算机的最好方法，不是强迫伟大的头脑浪费他们的生命去钻研一个遥远的梦想，而是让这些聪明人在他们当

前的现实中追求他们个人的兴趣。有些人会朝着几个世纪后可
能引发计算机诞生的方向前进，有些人会朝着其他方向前进，
但至少他们会一步一步地向前迈进，找到一个又一个踏脚石，
而这是通往未来的、唯一现实的道路。

事实上，这个提前制造出计算机的思维实验，几乎可以
轻松地适用于其他任何发明。因为大多数有趣的发明，不过
是跨越几个世纪的思想链的成果，它们也必然依赖于为完全
不同的目的而创造的铺垫性发明。事实上，将这一思路延伸
到其逻辑结论，可以得出一个关于常见发明的、极具挑衅性
的假设：任何重大发明的先决条件，几乎都是在没有考虑到
该发明的情况下发明的。虽然这个想法听起来很奇怪，即便
它并不完全正确，也能引发人们对目标驱动的深刻反思。毕
竟，如果其前提条件几乎可以确定来自具有完全不同目标的
人，那么实现这个"高大上"的目标还有希望吗？但我们有
充分的理由相信，世界正是以这种出乎意料的方式运作的。
电力的发现，并没有考虑到计算机，甚至没有考虑到真空
管。而真空管的发明，也不是为了促进计算机的制造。人类
只是缺乏足够的先见之明，无法理解一项发现后来会推动什
么新发明的出现。

我们所讲述的关于伟大发明的故事，往往掩盖了这个不
太浪漫的真相。我们听到的是像莱特兄弟这样的天才发明了
可以飞行的机器。这些能干的成功者，不畏艰险、英勇奋
斗，最终给世界带来了永久性的改变。当然，他们在经历了

几代人的失败尝试后，最终制造出了可以飞行的有翼机器，他们的成就是值得肯定的。但是，莱特兄弟不能否定在他们之前由无数人打造的创新链的贡献。这个链条包括往复式燃气内燃机，它是第一架飞机的重要组成部件，在被发明之初并不是为了飞行这一用途[39]。

相反，这种发动机主要应用于早期的三轮汽车和后来的工厂设备（如印刷机、水泵和机床）。现代内燃机的前身是感应线圈，其最初也不是以制造发动机为目的[40]。作为一种简便的高电压触发器，它主要被应用于早期的电气实验。它在"克鲁克斯放电管"①（Crookes tube）中被使用，从而促成了阴极射线（即电子）和后来 X 射线的发现。从感应线圈到内燃机，再到飞机的创新链中的每一个环节，其发明者都没有想到下一个环节可能是什么。过去所创造的未来，并不是过去所设想的愿景，而是过去意外促成的结果。

堪称天才的莱特兄弟，并没有从头开始发明飞行器的每一个必要部件。他们认识到，鉴于过去的创新，人类离飞行只有一步之遥。创造伟大发明的前提，是所有的先决条件已经存在。那些有着与之完全无关的前辈们将它们呈现到我们面前，只需组合和改进，就能最终形成划时代的发明创造。洞察力的格外迷人之处在于，它能够看到那些在已有的基础之上建立通往下一个踏脚石的桥梁。而这些踏脚石的故事，

---

① 一个早期的实验装置，在玻璃管中创造一个粗糙的部分真空，有两个电极，火花可以穿过。——译者注

并不是一个有意识的、以目标为导向而构建的故事。每一次发明都朝着一个总体计划所设想的、遥远的超级发明而去。相反，就像自然进化和图片孵化器网站那样，这些踏脚石是在它们自身的环境中，为它们自身独立存在的原因而铺设；而不是因为一个有远见的人预见到了它们在未来伟大的作用而存在。就像自然界和图片孵化器网站都是踏脚石的收集者一样，人类的创新之树也在不断向外延展，朝着计算机、互联网、汽车和飞机——人类想要发展的任何方向去扩展，虽然没有任何具体的发展方向。

这些例子也证明，图片孵化器网站并不是什么荒谬的好奇心探索。它实际上不过是一类迷人的现象中的一个例子，我们可以称之为非目标探索过程或者踏脚石收集器。这类过程带来的巨大创造性可能超乎想象。毕竟，正是这类过程（自然进化）创造了人类，人类也通过它们征服了天空和网络世界。非目标探索过程，是赋予人类生活价值的真正来源。当我们把伟大的探索从目标的陷阱中解放出来，把它从只朝着我们希望到达的地方前进的要求中解放出来时，它就变成了一位寻宝者，能够实现"大海捞针"的伟大创举。那么，为什么我们这么多的努力，仍然被极具欺骗性的目标所支配？无论你的目标是找到完美的合作伙伴，还是创造下一个划时代的伟大发明，如果目标太过"高大上"，那么你可能得到的唯一回报就是被目标欺骗。这就是你使用错误的指南针需要付出的代价。

***

即使你设定的目标并不崇高，也无法避免陷入被（目标）欺骗这一困境。也许你的目标不过是想变得富有，但正如我们从上一章的个人故事中看到的那样，以实现目标的进度条来衡量成功，很可能会在各种情况下将你引入歧途。在追求发家致富这个目标的道路上，目标的欺骗性一样会发挥作用。例如，怀抱"成为百万富翁"目标的你，拒绝了一份无报酬的实习工作（哪怕你发自内心地喜欢这份工作），这样的目标又有什么意义呢？事实上，假如有朝一日你的确实现了身家百万的梦想，那可能恰恰是因为你遵从本心，追求了自己的兴趣和激情，而不是一路走来都在向"钱"看。真正的激情才是驱使你成功致富的根本原因。你可能在某天会突然意识到，你距离致富的目标，只差一块踏脚石而已。然而，成为富人这个目标，在你真正成为富人之前，并不会引导你的每一个人生决定。相反，秉持"一切向钱看"的衡量标准，很可能是通往财富之巅的错误道路。

还有一点很重要，就是不要将这个发家致富的例子视为人生道德观的规劝。至少在本书范围内，我们并不强调其道德或价值观层面的正确性。这个案例与我们在大自然的进化中看到的教训、在人类创新中学到的经验以及在上一章图片孵化器网站案例中讲述的经历并无本质不同。踏脚石不一定意味着通往最终的目的地，它自身也无关对错，只涉及探索的过程和无限的可能性。

我们这个世界理想的运作方式与其真实的运作方式之间的脱节，是我们真正应该关注并担忧的问题。当我们致力于追求梦想时，我们至少应该知道这个梦想是什么，并充满激情和毅力地为之奋斗。但如果我们不假思索地接受了这种说法，它反而会导致荒谬的行为和结果。就像你不可能在地球培养皿中以智力测量为标准最终进化出人类智力那样，仅凭决心和智力，也不能让我们制造出一台计算机——我们需要踏脚石！正如我们不可能仅仅通过找一份高薪工作就变得很富有一样，因为今天加薪，并不能保证未来还会持续加薪。我们需要接受的现实是：很多事情，是无法单纯地通过努力实现的。

虽然这些不同的思维实验测试了极端的情况，但这并不意味着它们得出的结论可以被轻易否定。基于这些实验的结果，就简单地否定了实现一些"高大上"目标的可能性，也并不是我们想要传递的信息，因为案例中提到的所有令人惊叹的成就，的确被实现了。我们真正应该担心的是，它们都是在没有设定明确目标的情况下达成的。人类水平的智慧的确是进化出来了，但它从未被设定为自然进化的目标；人们的确发明了计算机，尽管其所有先决条件，都不是以计算机的发明为目的而诞生的；许多人的确实现了致富的目标，但不是因为他们以致富为梦想，而是因为他们追求了自己的激情，而这种孜孜不倦的追求，恰好带来了丰厚的物质回报。当然，图片孵化器网站最终也培育出一张汽车图片，尽管它的发现者，并没有将生成汽车图片作为预设目标。所有这些没有明确设定目标的伟大发现，不仅有可能实现，而且已经实实在在地发生了。但这一切成为现实的前提是，只有在明确的目标被忽视、探索的缰绳被彻底松开时，我们才有可能征服最遥远的未知边界。

也许在读完本章，了解这些颠覆性的观点之后，你依然推崇和信奉目标，依然是目标的"铁杆粉丝"。因此，你要记住一点，我们这里谈论的"目标"都是高层次的远大目标，如果你距离目标只有一块踏脚石的距离，那么设置并遵循目标依然是有意义的。问题是，"高大上"的目标与稀松平常的目标不同，实现这些远大目标的最佳方式就是忽略它们，而这种想法，似乎违背了常规的直觉和传统的智慧。更重要的是，它们似乎表明：人类探索未知的态度似乎存在本质的问题，人们惯用的方式似乎无法取得令人满意的结果。世界上最伟大的指南针（目标），反而有可能导致我们迷失方向，而一种神秘的、未知的方法（非目标探索），却令人惊讶地被证明是通往伟大的正确路径。每当出现新的证据，威胁到已被公认的智慧时，我们感到犹豫不决也很正常。不经过剧烈的斗争就无法放弃常规，这也是人的天性。尽管我们会下意识地选择为传统的智慧和现状辩护，但不确定性带来的好处则是无限的新机会。如果这个世界并不像我们想象的那样运作，那么也许转变思维，就可以让它真正运作的方式被我们捕捉到，并使其为我们所用。为了探索这个新机会，我们将在下一章探讨，如何在没有可靠指南针的情况下，自主设定探索的规则，去发现桀骜不驯、野性毕露、陌生而遥远的未来。

第五章

有趣的和新奇的探索

抓住每一个时刻的独特新奇性，享受意料之外的快乐。

——安德烈·纪德（Andre Gide）

我们身边或许都有这样一个人，他／她在新年当天许下愿望：新的一年，我要学会说一门流利的外语，每天慢跑七公里，三个月内只吃胡萝卜和苹果来减肥。但过了一周，所有这些豪情壮志就被彻底抛在脑后，但没有人对此表示惊讶。或许不需要什么科学调查的结果，你就已经知道，大多数新年愿望最终都会不了了之。老实说，尽管这些许下了新年愿望的人中，超过半数认为自己能够坚持，但最终成功实现的人只占12%[41]。

这个超低的成功率也提醒我们，设定目标尽管在当下很吸引人，却是整个过程中最容易完成的事情。说出你想成为什么样的人、想要去哪里，或你想要完成什么，并不需要太多的努力，真正难的是如何实现这些愿望。更确切地说，真正的问题是，我们很难确定从这里到最终目标之间的踏脚石。这也暗含了一个不寻常的想法：我们不妨将花在制定明确目标上的精力，转投到那些有希望引导我们实现某些伟大事业的踏脚石上，但这些踏脚石不一定准确地通往我们设定的目标。毕竟，目标本身并没有对通往它的踏脚石应该是什么样子这件事提供任何有用的线索。因此，我们或许可以换一种角度来看待探索未知这件事。与其担心我们想要去什么地方，不如将我们现在所处的位置，与我们曾经到过的位置进行比较。假如比较之后，我们发现自己身处一个新奇的位置，那么这个新奇的发现，未来或许会被证明是通往全新领域的踏脚石。尽管我们可能无法确定这些新领域是什么，但当前的踏脚石，成了探寻新发现的大门。

对目标的过度关注，实际上反映了我们对未来的过分关注。每时每刻的进展，都要根据我们在未来想要达成的目标来衡量。我们是否正在逐步靠近目标？衡量的结果，是否证明我们正在向前迈进？未来好似成了一座远方的灯塔，指引着我们所有努力的过程。但这座灯塔往往具有欺骗性，在灯光上玩弄花招，将我们引入歧途。指引人类发明飞机的"灯塔"，没有提示我们需要感应线圈；指引人类发明计算机的"灯塔"，也没有提示我们需要先发明真空管。即便我们在很久之前就发现了这些踏脚石，但并没有意识到，它们可能通往如此遥远的目标。既然如此，我们将现在与理想中的未来进行比较有什么好处呢？既然没有好处，我们不妨尝试一些不同的、更符合情理的做法。我们可以转而将现在与过去进行比较，这总比与未来进行比较容易得多，毕竟我们可以确定地知道过去已经发生了什么。

诚然，过去不会告诉我们目标是什么，但它确实提供了一条同样重要，甚至更加重要的线索——过去是创新的指南。但与未来不同的是，过去不存在模糊性或欺骗性，因为我们实际上已经知道自己在过去的位置，于是我们能够清晰地知道，如何将其与当前位置进行对比。这种比较不会让我们判断自己朝向目标的进展如何，但可以让我们判断我们在多大程度上摆脱了过时事物的束缚。有趣的是，这种比较将问题从"我们正在接近什么"，变成"我们正在逃离什么"，而逃离过去的有趣之处在于，它能够开启全新的可能性。

新奇事物的重要性在于，它们往往可以成为踏脚石探测器，因为任何新奇的东西，都是催生更新奇事物的潜在踏脚石。换句话说，新奇性是识别趣味性的一条"简单粗暴"的捷径，而有趣的想法往往能够开辟全新的可能性。尽管去寻找"有趣的"事物，听起来相当儿戏，但有趣性的概念，实际上蕴含着惊人的深刻意义。用著名哲学家阿尔弗雷德·诺思·怀特黑德（Alfred North Whitehead）[42]的话说："一个命题的趣味性比真实性更重要。"另一位哲学家斯塔斯（W.T. Stace）补充说："把'趣味性'批判成'一个微不足道的目标'，源自一种被扭曲和颠倒了的价值尺度。[43]"新奇有趣的想法不仅远非微不足道，而且往往还会带来新的思维方式，进而触发更伟大的创新和发现。

更重要的一点是，通过不断地使新事物成为可能，新奇性（以及趣味性）能随着时间的推移产生聚合效应。因此，我们与其寻求某个最终的目标，不如转而寻求新奇的事物，因为后者的回报，将是一连串的、无穷无尽的踏脚石，即一项新奇事物的产生，将带来更多的新奇事物。这样一来，未来就不再是某个特定的终点，而是一条没有尽头、未被定义、潜力无限的道路。这种不强调目标的观点，更好地体现了类似图片孵化器网站、自然界的进化和人类创新背后的逻辑——继一块踏脚石之后，再找到下一块，不设定特殊方向地向外不断地分化和延展，朝着所有可能的方向发展，最终形成一个不断更新迭代的循环。

在图片孵化器网站上，"外星人脸"被选中并不是因为它可能会繁育出汽车图片，而是因为"外星人脸"本身就是一种有趣且新奇的东西。"外星人脸"所开辟的道路是值得探索的，因为它具备了潜力——不是那种通过智力测试或成绩评估来衡量的、实现既定目标的潜力，而是类似一望无垠的海洋地平线上低垂的斜阳所具备的那种潜力，那种开放的未来所具备的超越一切的可能性。我们不妨尝试抓住这种潜力，而抓住它们的关键，将是追逐新奇性。

但似乎仍有一个问题。追逐新奇性意味着一种漫无目的的不确定性，我们怎么知道要去哪里？这其实就是关键所在，最伟大的创新过程之所以会成功，正是因为它们并不试图去往任何特定的地方。按照这个逻辑，我们需要放弃目标带来的虚假安全感，转而去拥抱未知的、疯狂的可能性。当然，我们仍然有理由担心，这种对新奇性的探索令人不踏实，甚至可能有点听天由命。它难道不就是纯粹地从一个新奇事物，跳转到另一个新奇事物吗？我们为什么要相信，这样一个随机的过程存在任何意义？

担心这种猎奇的心态可能不会带来任何有意义的结果也符合人之常情。导致这种怀疑的一个主要原因与信息量有关。人们担心，指导未知探索的唯一有用信息是通过思考探索的目标而获得的。但事实上，新奇性蕴含的信息量并不逊色于目标概念，区别只在于二者提供的信息类型不同而已。事实上，驱动新奇性概念的信息比目标概念能提供的信息更丰富、更可靠，尤其是目标往往充当了一个错误的指南针。新奇性的概念不要求我们依赖于一个具有欺骗性的指南针，只要求我们将当前的位置与过去进行比较。

简而言之，设定目标意味着遵循一条未知的路径，朝着遥远的目的地前行，而新奇性只要求我们远离已经到过的地方。离开一个已经到过的地方，不仅更简单轻松，还蕴含了更丰富的信息。因为我们可以回顾过去的整个历史发现，将其作为判断当前新奇性的参考。因此，相信新奇性是推动进步的一台有意义的引擎。

证明新奇性在创新中具备重要作用的另一个证据是，人类往往对新奇性非常敏感。有时候，哪怕我们不确定某条道路或某个想法会通向何方，但依然会有探索它的冲动。虽然人类的直觉和预感往往促使我们朝着没有任何目标的方向前行，但我们最终依然能发现一些与众不同或有趣的东西。因此，在讨论新奇性时，趣味性的概念会自然而然地出现，这并不是巧合。当一个想法真正让人感到新奇时，它就足以让我们产生好奇心。这个想法的确激发了我们的兴趣，即使它的最终目的并不明确。

这个见解，与另一个耳熟能详的谬论有关，即"伟大的发现都来自偶然"。其谬误之处在于将偶然性看成一种意外。关于偶然发现的刻板印象，通常是一个疯狂的科学家，因为意外而稀里糊涂地发现了一些足以改变历史的重大突破。这不禁让人联想到某个动画片的故事：主人公不小心将一瓶花生酱放到微波炉中，导致了爆炸，却意外发现了反重力的秘密。然而，这种漫画故事却不当地抹黑了偶然性，因为伟大的发现从来都不是什么稀里糊涂的意外。

现实情况是，人类天生对有趣事物有着敏锐的嗅觉。大家都知道，如果我们选择了一条有趣的道路，它可能会通往重要的目的地，尽管我们可能并不知道这个目的地确切在哪里。纵观"偶然性发现"的历史，有无数个成功案例支持了这一观点。但如果偶然性发现纯属意外事件，那就意味着没有任何特殊的教育背景或智力水平的人，也能够得出同样的发现。因此，我们或许会假设，凌乱无序或疯狂甚至是开启伟大发现之旅的最佳方式。但在现实世界中，情况似乎并非如此。因为大多数重大的偶然性发现，都不是外行人的疯狂想法推动的。事实上，这些伟大的发现，大多数都出自智力超群、受过良好教育且在各自行业内颇有建树的人之手。

例如，牛顿偶然观察到一颗苹果从树上掉下来，进而发现了万有引力定律[44]，但牛顿的职业生涯，并不仅仅局限于观察从树上掉下来的苹果，他在数学、天文学和物理学方面还有许多其他的伟人发现。另一个例子是法国科学家路易斯·巴斯德（Louis Pasteur），他在化学领域做出了重大贡献，也是微生物学的创始人之一。他的许多重要发现似乎都充满了偶然性的色彩，包括"手性"分子①（chiral molecules）和拯救了无数生命的细菌疫苗[45]。像牛顿一样，巴斯德始终能够跨越多个学科进行创新。充满偶然性色彩的伟大发现，事实上不胜枚举。例如，古希腊数学家阿基米德某天在洗澡时，突然意识到浴缸中所排出的水等于他身体的体积，于是就有了举世闻名的"尤里卡时刻"：他赤身裸体冲过大街，大声狂喊着"尤里卡[45]"。但我们对阿基米德的印象，更多的是一连串的根本性的创新，如杠杆原理、"阿基米德式螺旋抽水机"和流体力学定律。所以，这些伟大的发现者并不是狂热的、没有受过教育的人，也并非全凭纯粹的好运才得以邂逅伟大的发现。

在任何偶然性发现的背后，几乎总有一位心态开放的思想家，他们对什么计划会产生最有趣的结果往往有着强烈的直觉。虽然几千年来，万有引力定律一直静默地存在于世间，但牛顿才是第一个发现它的人。正如胡威立（William Whewell）写道："世界上成千上万的人，甚至是最善于探究和推测的人，都曾看到过物体的自然坠落；但除了牛顿，谁又曾关注过这一现象背后的因果关系。[46]"这些伟大的发现

---

① 具有不同性质的镜像形式的分子。——译者注

者，注意到了一些现象背后深刻的规律，这不仅仅是一种偶然或机缘巧合。正如巴斯德的一句名言："在观察的领域里，机会只青睐有准备的头脑。[47]"

如果偶然性的发现的确不是纯粹的好运，那我们是否可以通过寻找新奇而有趣的东西，最终获得偶然性的发现——哪怕我们的心中没有设定一个具体的目标？如果这个想法行得通，我们应该从科学上证明这种获取偶然性的方法是有效的，至少存在那么一个可以开展的实验，以便为这个想法提供一些科学证据。事实证明，我们的确可以开展这样的实验，但请诸位做好心理准备，接受一种不同寻常的实验程序。为了研究非目标性探索的前景，我们将设计一种没有目标的计算机程序或算法。

***

乍看之下，一个没有设定目标的计算机算法，似乎是一个自相矛盾的存在。"算法"这个词会直接让人联想到一些有既定方向的、机械化的东西，并且算法通常被视为解决某些特定问题的良方。人们已经设计出各种不同的目标驱动型算法，机械性地完成诸如求解微分方程、对大型列表进行排序和数据加密等任务。但本质上，算法是一种宽泛的概念。作为一种明确地描述一个过程的方式，算法是一个不存在任何模糊性的、解决问题的方法，从而确保计算机可以精确地遵循其指令。因此，虽然大多数算法都有目标，但它们也可以被用于描述没有目标的过程，比如寻找新奇的东西。由于算法能被具体地编写成可被分析和研究的计算机程序，它就可以帮助我们检测科学假设是否成立。

编写未设定具体目标的算法有一大优点，即我们可以说到做到，将资金花在刀刃上。如果仅靠寻找新奇的事物就能有效地帮助人们发现有用的东西，那么我们就应该可以真正地将这个过程，以算法的形式正式呈现出来。在算法设计出来之后，它就可以被投入测试。这种通过构建算法来测试理论的理念，在人工智能领域（与心理学领域不同）已被普遍接受。事实上，在人工智能研究中，关于任何事物的解释，只有在被构建成一个计算机程序并在计算机上运行和测试之后，才会得到普遍认可。这样一来，人工智能领域成功的门槛就变得相当苛刻，因为人工智能的研究人员不能只是简单地提供文字解释，而是必须真正建立起一项理论的原型，并通过测试证明它是有效的。因此，在这种情况下，我们可以借用人工智能领域的这一准则，并将其应用于非目标发现的论证。让我们看看，当我们给计算机编程，让它只搜索新奇的东西而没有设计特定的目标时会发生什么。

我们编写的新算法被称为新奇性搜索，其灵感来源是用户们在图片孵化器网站上的操作。我们发现，这个网站的用户获取的最佳发现成果，往往并不是他们预先设定的目标。这些"成功玩出新花样"的用户，在选择图片时采用的标准，并非某个特定目标，而是凭借本能去寻找有趣而新奇的东西。这个发现就激发了我们尝试通过编程，让电脑来干同样的事情的灵感。而将一个想法编写成算法的一个好处是，它能迫使我们去搞清楚其真正的含义。换句话说，当机器在运行测试时，我们的意图就不可能隐藏在某些含糊不清的文字表述背后。因此，要编制一个算法，我们需要首先决定计算机究竟应该如何搜索新奇的东西。

测试这样一个程序的第一步是确定什么叫领域。换句话说，计算机只会在一个特定的类别中搜索新奇的东西，如新奇的艺术、新奇的音乐或新奇的机器人行为，等等。之所以要明确领域，是因为每个领域可能需要以不同的方式进行编程，但更重要的是，领域决定了算法即将探索的空间和范围。

为了让大家更容易理解这个概念，我们以行为空间为例，因为大多数关于新奇事物搜索的计算机实验都集中在这个空间。通常在新奇性搜索中，"行为"一词指的是真实或模拟的机器人做出的一系列举动。更简单地说，机器人的行为，是指它在特定情况下做出的举动。回顾一下我们在本书第一章中用来使所有可能的图像具象化的、看不到边的"大房间"。我们可以想象一个类似的、包含了无数机器人行为的大厅，其中一个角落里的机器人可能除了不停地转圈什么都不做，而另一个角落里的机器人可能正在地板上临摹《蒙娜丽莎》的轮廓。我们可以轻易地发现，这个大厅里的一些机器人行为，与其他行为有很大不同。例如，一个四处撞墙的机器人，和一个在走廊上根据导航前进然后走进一扇门的机器人有很大不同。一旦我们有办法了解到是什么区分了不同的行为，就有可能会问：什么是新奇的行为？

试图发现新奇事物的行为可以帮助说明，即使没有特定的目标，寻找新奇事物的行为也会产生有趣的结果。想象一下这个场景：一个机器人被放在走廊的一端，另一端的门是开着的。这类实验在机器学习领域很常见，即试图让计算机具备从经验中学习的能力。在实验中，机器人会通过越来越熟练地探索走廊来学习如何接近走廊另一端的门口。例如，在一系列实验中，机器人总是被放回其起始位置，它可能会具备更强的、穿越整个走廊的能力，并越来越接近敞开的门——这就是目标。在这种目标驱动的方法中，无论哪种行为会使机器人最接近敞开的大门，它都会成为尝试新行为的踏脚石。这种将进步视为一系列逐渐接近目标的渐进式改进的观点，也反映了在我们的文化中追求成就的常见方式。

但我们也可以用一种基于新奇性搜索的、截然不同的方式来处理这个任务。例如，机器人可以无需尝试走到走廊的另一端，只是纯粹地尝试做一些与以往不同的事情。机器人可能会先撞上一堵墙，因为它一开始并不具备探索和穿越走廊的经验。（见图 5.1）然而，与追求特定目标（即抵达敞开的大门）时不同，在新奇性搜索中，机器人撞墙的行为被认为是好事，因为我们以前从未见过它这样做。换句话说，撞墙的行为是新奇的，而这正是我们在探索新奇性时想要看到的东西。但如果撞墙被视为好事，那么机器人接下来可能会做什么？

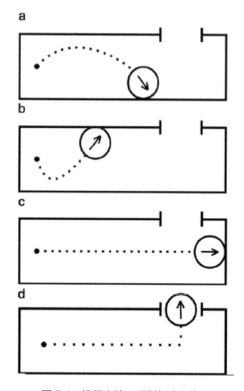

图 5.1 机器人的一系列新奇行为

注：通过穷尽各种撞墙的方式，新奇性搜索可以增加机器人对探索和穿越走廊的理解，并最终使它发现出门的方法，尽管成功地出门并不是新奇性搜索的目标。

答案是，它可能会撞上另一堵墙，但只要第二次撞墙与第一次不同，也会被认为是好事。即使第二次撞墙比第一次离目标更远，这仍然被认为是新奇性搜索的一个好的迹象，因为这一次与以往不同。如你所见，这种欣赏新奇情况而不加评判的态度，就已经使新奇性搜索有别于目标驱动型搜索了。

测试中的机器人撞上各种墙壁，听起来可能并不那么令人兴奋，但接下来发生的事情堪称神奇，凸显了新奇性搜索的力量。到了某个时刻，在撞了足够多的墙之后，就没有新的墙可以撞了。在那一刻，新奇性搜索已经穷尽了所有的撞墙选择，然后一个值得注意的事实开始发挥作用：现在机器人要做一些新奇的事情，而唯一可行的办法，就是不再撞墙。这个进步很有意思，因为学习避开墙壁，从未被表述为一个目标。但即使它不是目标，只追求新奇行为的机器人，最终也必须学会避开墙壁才有望继续产生新的行为。

事实上，寻求新奇行为的机器人，最终甚至不得不进入另一端的大门，因为它将再次穷尽在同一走廊内的所有新奇行为的可能性。这个新奇行为实验的结果令人费解：一个只被告知要寻求新奇行为的机器人，却学会了如何避开墙壁在走廊里自如地穿梭，最终走向敞开的大门，而且这些动作都没被当成指令、奖励这样的目标。按照这个逻辑，追求新奇性过程中所产生的行为的复杂性，似乎比预期更多。

同时，这种显而易见的成功似乎只是"穷尽一切可能性"（计算机科学家称之为穷举法）后出现的结果。如果你真的有时间去尝试世界上每一种可能的行为，最终也可能办成一些"聪明事"，但你可能要花上几乎一辈子的时间才能得到这个结果。这个方法听起来有点愚蠢，但事实证明，新奇性搜索中的发现比简单地尝试每一个你能想到的行为都要更深入。新奇性搜索比穷尽可能性更有趣的原因是，它倾向于以某种特定顺序来产生行为。

顺序是探索和发现的一个关键因素。事实上，我们对任何一种搜索都充满信心的主要原因是，我们期望它能指导人们以某种合理的顺序发现通往成功的踏脚石。在目标驱动型搜索中，我们通常期望坏的行为出现在好的行为之前。换句话说，我们期望搜索行为的质量，在搜索的过程中不断得到提升。这样一来，目标将带来一连串的发现这一结论似乎就合乎逻辑了。

但问题是，从坏到好的顺序虽然充满吸引力，但却是不切实际的想法。这只是目标驱动的欺骗性——这个"老骗子"安排的另一种套路。回顾一下中国指铐陷阱——在这个案例中，通往成功的唯一正确顺序是"让本就糟糕的情况，变得更糟糕"，然后才是"否极泰来"。所有的欺骗性问题都会在某一点（而且往往是在很多点）上，表现出这种误导性的特性。因此，考虑到目标的欺骗性，只遵循从坏到好的顺序，应该很难让你相信最终有可能发现伟大的事物。这就像坚定地认为通过智力测试可以将单细胞生物培育成爱因斯坦一样天真（事实上，在本书第七章中我们将看到，试图只进行从坏到好的改进，在对学生进行测试方面，也能有惊人的新发现）。这些失败意味着我们可以不再担心自己是否总是要追求从差到好，而是考虑放弃过分在意好与坏的明显顺序，这实际上可能反而更有希望令我们得偿所愿。

如你所料，新奇性搜索会产生与众不同的排序。它不会按照从坏到好的顺序进行搜索，因为没有一个目标作为标杆，它甚至不知道什么是"好"。尽管看起来，显著的"新奇性"总是比微小的"新奇性""更好"，但这完全取决于个人在当前看到的情况——因为其他有不同经验的人，可能作出完全相反的判断。当新奇性得到回报时，"更好"不会随着时间而保持"更好"的地位。因为一旦机器人发现一个新奇的行为，随着类似行为的持续发现，其新奇性很快就会降低。

并且一种事物或行为是否被认定为新奇，完全取决于具体的时间和环境。事实上，在新奇性搜索开始之前，我们甚至无法判断哪些行为更新奇或更不新奇，因为新奇性是一个相对的衡量标准。这就是为什么孤立地考虑新奇性是没有意义的——某样东西是否具有新奇性，完全取决于它之前是否被发现过。

目标驱动型搜索则截然不同：一辆拥有更高效能发动机的汽车，总是比一辆拥有更低效能发动机的汽车更节能环保，无论两种汽车是什么时候被发明的。关键的区别在于，在搜索目标时，什么是更好的，什么是更坏的，其标准并没有改变。新奇性搜索不能提供这样一个持续不变的坏和好的概念，也不能形成一个从坏到好的排序。但事实上，新奇性搜索确实提供了一种更有趣的排序：从简单到复杂。

虽然大多数人都熟悉这样一个概念，即将进步视为一个从坏到好的过程。从简单到复杂的变化，由于没有设定明确的目标，很容易令人觉得陌生。但在某种程度上，后者更为合理，因为它不会受到目标的欺骗性的影响（因为你并未试图从中获取任何特定的东西）。寻找新奇事物的过程，将导致行为从简单变得复杂，其原因本身就非常直接。当所有简单的行为方式都耗尽后，剩下的唯一可以被发现的新行为，自然就会变得更复杂。例如，我们再回顾一下前文那个试图穿越走廊的机器人。一开始，几乎所有类型的行为都是新奇的，因为它之前从未尝试过任何行为。而在绝大多数情况下，这些最初的行为往往是简单的，就像很多简单的发明往往是通往更复杂发明的踏脚石那样。

这种简单行为的一个例子，就是机器人一开始总是走直线，哪怕直接撞到墙。但什么才是真正"简单"的行为？关于简单的本质，我们可以长篇大论地说上好几章，但在本书范围内，简单行为的关键特征是，它不要求掌握关于这个世界的任何信息或知识。撞墙是一种简单的行为，因为机器人可以在不了解墙壁、走廊的情况下做到这一点，事实上它也不需要有感知任何事物的能力。我们只是简单地打开机器人的前进马达，让对周围环境一无所知的机器人无条件地向前跑。但如果机器人最终想要成功地在有墙面的走廊里穿行，就需要获得一些关于墙的知识。这种新知识，就是新奇性搜索中化腐朽为神奇的一步——将无知无畏的探索，转化为有意义的探索。最终，做一些新奇的事情，总会要求我们学习一些关于世界的知识。就好像如果不先学会走路，就不可能发明出一种新的舞蹈；而如果不了解（哪怕是潜意识的）重力和运动的相关知识，就无法行走那样。

归根结底，我们必须获得某种知识，才能继续创造新奇事物，这就意味着新奇性搜索是一种信息收集器，用于不断积累关于世界的知识。搜索的时间越长，它最终积累的关于世界的信息就越多。当然，信息量和复杂性是相辅相成的，更复杂的行为必然需要更多的信息。

有趣的是，新奇性搜索并不是唯一一种不断积累信息的搜索。信息的积累和复杂性的增加，是任何一种没有设定明确目标的搜索的标志性特征。新奇性搜索是一种特殊的非目标搜索，但其他的搜索，比如自然进化，也明显表现出了这种特征。虽然自然进化与新奇性搜索不同（我们将在本书结尾处第一个案例的研究中更深入地探讨二者之间的关系），但它与新奇性搜索有一个共同的关键属性，即它最终产生的东西，不是它最初设定的目标。由于这个原因，前面讲到的自然进化也成为一个从简单到复杂的信息收集器。

正如斯蒂芬·杰·古尔德[①]（Stephen Jay Gould）指出的那样，在进化过程中，一旦所有简单的生存方式都被开发殆尽，创造新物种或生态位的唯一途径就会变得更加复杂[48]。换句话说，进化成细菌类生命体的方式，无论有多少，都是有限的。这就是为什么如果自然界要继续进化，复杂性的增加便几乎是不可避免的结果。但是这些复杂性的增加，并不是任意的。相反，它们反映了进化过程所在的世界的属性，

[①] 斯蒂芬·杰·古尔德（1941—2002），美国人，世界著名的进化论科学家、古生物学家、科学史学家和科学散文作家。——译者注

例如眼睛的出现，代表宇宙中光的存在，耳朵象征着机械振动的存在，而腿和肺部则分别是重力和氧气存在的证明。

在对进化的常见解释中，类似眼睛或肺部等器官的进化，可能被认为是目标导向性带来的进步，因为它们提高了生物的生存能力。但它们也可以被看作一种不可避免的趋势，由一项没有最终目标的搜索，积累了关于其所处世界的信息所导致。毕竟，最初的单细胞生物并不具备眼睛或肺部这些花哨的器官，但它们依然存活得很好，没出任何问题。唯一的问题是，生物如果想要做一些新奇的事情，就需要将自然界某些方面的信息反馈到其 DNA 中。严格来说，视觉驱动的行为，并不是生物生存的必要条件，但如果自然界通过突变，不断尝试设计新的物种，即使没有设定任何特定目标或方向，进化过程也最终会意识到光的存在这一事实。然后，它将成为进化论积累的信息库存的一部分。

从某种意义上说，经过漫长岁月的进化后，人类的身体已经成为一种关于人类所处的宇宙的相关事实的百科全书。不仅宇宙的许多物理现实已经反映在人类的身体结构中（例如光、声音、重力、热、空气等），而且考虑到进化已经持续了如此漫长的时间，人类现在实际上已经在身体内部的某个地方，编码了令人难以置信的、关于宇宙的具体细节信息。人类的大脑记得哪些行星是围绕太阳旋转的，甚至记得街角商店里百吉饼的价格。在人类的一生中，学习和适应的能力已经将进化的信息积累性质，推向了一个新的极端。当然，这并不意味着自然进化的这个信息积累过程，会因人类的出现而停止。但我们再次观察到的是，没有明确目标的搜索（在这种情况下指自然进化），从最简单的单细胞生物进化到最复杂的动物的过程，也是不断积累信息的过程。这就是为什么地球上的生物已经成为一面反映世界现实的镜子，不同的物种，以庞大的多样性，反映了我们身处的宇宙所赋予的、物质形态上的无限可能性。

这种非目标搜索的观点，也解释了这样一个事实：图片孵化器网站好比是一面镜子，它向我们反映了一些关于人类世界的信息。毕竟，图片孵化器网站就是在人类世界里诞生并不断发展的。因此，它已经成为一个收集了人们熟悉主题的庞大目录：从蝴蝶到人脸、从城堡到行星、从日落到宇宙飞船。尽管这些都不是它的目标，但它们都是在这个网站上被发现的。

与图片孵化器网站或自然进化一样，新奇性搜索是另一种类型的非目标搜索。它不像自然进化那样神奇，但它的优点是，可以变成一种能在计算机上运行的算法，因此我们可以科学地测试它，看看它能做些什么。它也提供了极大的便捷性，因为它可以应用于容易编程的领域，如走廊内机器人行为的简单模拟。可以想象，单机电脑游戏 Pong[①] 的编程肯

---

① Pong 是美国雅达利公司（ATARI）于 1972 年发行的一款投币式街机游戏，该游戏模拟乒乓球比赛，玩家需要控制乒乓球拍上下移动来反弹乒乓球。如果一方未能反弹乒乓球，对方就会得到 1 分。该游戏被认为是世界首款视频游戏。——译者注

定比完全沉浸式的现代三维射击游戏（通常需要花费数百万美元来开发）要简单得多。因此，要判断非目标搜索在新奇性搜索中的优势，我们不必编写最复杂的程序，例如展示地球所有的荣耀历史，重现类似自然进化这样的宏大脉络，等等。如果它能够像预期的那样运作，我们应该能够在新奇性搜索运行时发现信息收集器正在按由简到繁的顺序收集信息，并表现出明显的非目标特性。为了不断寻找新事物，最终机器人不得不发现，周围世界是由墙壁和门组成的，而它虽然会撞到墙壁，但却能穿过门洞。

但是，即便你暂时接受了这个观点，即搜索是从简单到复杂的过程，你仍可能担忧新奇性搜索最终会永远地被困在毫无意义的行为之中，找不到任何有意义的出口。目标的设定之所以让人放心，是因为它将无穷可能性的空间，压缩到仅剩少数几个实用的选项。例如，既然可以选择开车去上班，那便没有人会认真考虑爬行去上班的好处。换句话说，目标可以帮助剔除那些明显"得不偿失"的想法，这可以避免人们在与目标不相关的活动中白白浪费精力。相比之下，新奇性搜索似乎缺乏这种实用性的约束，这可能意味着它会导致我们浪费大量的时间，在毫无意义的可能性的空间里徘徊。

然而，我们有充分的理由相信，我们不需要目标的约束来避免无意义的浪费。物理世界自身就提供了很多约束。新奇性搜索不会考虑许多可以想象但无法实现的行为（例如人类依赖自身的躯体飞行），因为它们是不可能的。例如，机

器人不能穿过一堵墙，所以即使我们可以想象瞬间移动①
（teleportation），这些行为都不会被考虑，因为瞬间移动是一
种在物理层面不可行的行为，也就是说，这种搜索的空间不
存在。

　　一般来说，人类可以想象的许多行为，都会因为现实物
理世界的限制，而沦为同样的结果。例如，我们可能想象过
成千上万种穿墙而过的行为，但是由于物理现实的限制，所
有这些可想象的行为，在现实中都被简化为同一个结局，即
撞到墙上并停下来，因为穿墙而过根本就不可能实现。重力
以类似的方式限制了人类的行为，所以无论你如何想象自己
在天空中自由飞翔，当你从前廊跳下时，现实的结果几乎总
是同样的不幸——摔得伤痕累累。

　　因此，在搜索新奇事物时，实际尝试的行为空间变成人
类可以想象的所有行为空间。这个空间虽然看似更大，但新
奇性搜索的空间，仅是其中的一小部分，这也是新奇性搜索
变得实际可行的前提。世界的物理特性限制了新奇性搜索能
考虑的所有行为，这一想法也解释了新奇性搜索积累世界信
息的趋势：真正成为下一步行为的踏脚石的那些行为，必须
尊重现实世界运作的方式和规律。回到上文的例子，开车去
上班比爬行去上班更有可能获得新奇感，因为你不需要将一
整天的时间都花在上下班的路上。因此，在同时面临这两种

---

① 超心理学领域中超感官知觉的一种，指的是将物体传送到不同的空间，或者自己在一
　瞬间移动到他处的现象与能力。——译者注

选择时，新奇性搜索会倾向于集中在开车去上班这一选项上，因为这是一块更优质的踏脚石。正是由于这个原因，进一步的探索最终会集中在有意义的概念，而非毫无意义的徘徊上。简而言之，创造新奇事物的最佳方式，是利用世界真正运作的方式，并据此积累有关信息。

在这一点上，你可能会质疑新奇性自身，是不是某种特殊类型的目标。事实上，自从 2008 年首次推出新奇性搜索算法以来，我们已经反复听到了类似的质疑。人们会对"没有目标的发现会更好"这一反直觉的信息持怀疑态度，这是正常且合理的。每当有新的理论挑战主流的世界观时，人们自然会试图恢复旧有的秩序，而一个常见的办法便是通过重新解释新的理论以适应旧的思维方式，避免彻底地推倒重来。本着这种精神，拯救目标驱动范式的最常见尝试，是试图将新奇性强制套入旧的目标驱动观点，将新奇性本身描述为一个目标，但这种策略存在很大的弊端。看到我们在下文回顾其中的一些论点时，你可能会想起本书上一章中关于为什么生存和繁衍不是传统目标的讨论。但这里的区别是，我们关注的是更广泛层面的问题，即新奇性本身是否应该被称为一个目标。

就传统目标而言，成功意味着得偿所愿。例如，你想成为一名银行家并最终成了一名银行家，那么你的目标就实现了。关于目标，我们通常认为，当我们实现了所设定的目标时，目标就得到了满足。但是——这就是把新奇性称为目标的第一个问题——新奇性并不是这样运作的。毕竟，如果你的行为与其他人不同（或与你过去的行为不同），你也可能会成为一名银行家，但在这种情况下，成为一名银行家并不是你的目标。在探索新奇事物的过程中，你成为什么或实现什么，永远不是你的目标。因此，新奇性与目标有着本质的不同。

你可能会继续驳斥说，即使一个人确实通过保持新奇，最终努力成了一名银行家，那么他依然实现了保持新奇这个目标，哪怕成为一名银行家并不是目标。然而，第二个问题随之而来，"保持新奇"本质上是一个难以捉摸的、变化莫测的概念。我们不可能时刻牢牢地秉持这个理念。例如，如果你保持银行家的身份太久，新奇性便丧失了。那么我们是否可以说，你已经不再满足"保持新奇"这个目标了呢？从另一方面来看，如果你的目标是成为一名银行家，而你最终也成了一名银行家，这个目标就得到了绝对满足，其满足性并不会随着时间的推移而变得模糊或难以界定。不仅如此，假设保持新奇是你的目标，那么你在成为银行家的过程中可能更换过多种职业，每一种职业都与上一份职业不同，实现了新奇的目标。这会令你陷入一个自相矛盾的境地，即在成为银行家之前，你实际上已经多次实现了"保持新奇"的目标。那么就这个意义而言，成为银行家对实现新奇性的"目标"是否还有意义？最根本的问题在于，将新奇性视为一个目标，需要我们扭曲自己的逻辑，以尽可能地套用传统的、以目标为导向的思维方式。

然而，这种逻辑层面的扭曲完全没有必要。我们在本书中探讨"目标"一词，是为了帮助诸位做出重要的区分，而不是掩盖差别或混淆定义。如果你能仔细思考"新奇性是如何从简单走向复杂的"这一问题，那么搜索新奇性的整个过程，与追求传统目标的实现，两者之间存在本质性区别。这就是如果我们试图用"目标"概括所有类型的发现和探索过程，就必须要做出前述逻辑扭曲的原因。目标是驱动成功的老式引擎，而新奇性则是不同的东西。为此，让我们时刻牢记目标与新奇性这两个不同术语的差异，而不是将二者混为一谈。

同样的逻辑过程也解释了为何"新奇性搜索"很像自然进化中的"生存和繁衍"（这也是一种非目标型的发现过程）。两者都是对可能发生的事情的约束，并且可能都在一开始得到满足（就像单细胞生物也同样满足了"生存与繁衍"的"目标"）。这两个过程，都催生出了并未被设定为初始目标的伟大发现，且两者均未设定任何具体的目标。这些都是非目标探索的显著标志。

此类非目标进程的另一个重要且强有力的属性，是它们与发散以及发散性搜索概念之间的关联。目标在本质上会促使探索的过程朝着特定目标聚拢，而聚合效应则意味着许多潜在且有趣的方向将得不到探索。然而，剥离了目标的聚合性负担之后，探索就可以自由地朝着多个方向分化，在不断发散的同时，收集不同类型的新踏脚石。尽管发散性探索牺牲了朝着某个预定的方向进行探索带来的舒适感和安全感，但发散性思维这个词通常与创造力和创新联系在一起也并非巧合。正是因为发散性思维者不会被困在"搜索空间"的一个陈旧角落里，所以他们通常以大胆无畏和令人惊讶的发现而闻名，其他目标导向者往往会因专注于目标而错过这些发现。放弃设定明确的最终目标，新奇性搜索就成为一种发散性的搜索形式，从而成为类似自然进化和人类创新的探索和发现过程，并充分契合了这种更奇特和激进的发现形式。

***

正如前文所述，从科学的角度来看，新奇性搜索概念的一大吸引力是，它实际上可以被编成一种计算机算法，并进行可衡量的测试，这正是我们所做的[49]。事实上，到目前为止，我们已经将新奇性搜索置于大量不同的场景中进行了测试，第一项就是机器人在迷宫中的模拟实验。换句话说，我们对计算机进行编程，模拟机器人在围墙式迷宫中的行为，类似于驾驶模拟器模仿汽车上路的状况。这就好像电脑自己玩的一个简单的视频游戏。机器人模拟实验在人工智能领域很常见，因为模拟的机器人可以非常迅速地反复尝试新的行为，而且不存在器材损毁风险。图 5.2 是其中一个迷宫的示意图。

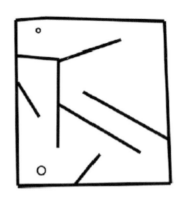

图 5.2　机器人迷宫

注：大圈代表机器人的起始位置，小圈代表目标位置。地图中看似通往目标位置的死胡同具有欺骗性。

　　所以想象一下，一个带轮子的机器人在迷宫中尝试新奇性搜索，总是试图做出一些新举动，实验将如何开展？基本的想法是，计算机程序可以先产生新的"想法"，然后机器人尝试做出相应的行为。如果该行为在机器人尝试时被证明是新奇的，那么该行为可能是有趣的，所以程序可以将其认作一个好主意。请注意，这种判断想法质量的方式，与设定了具体目标的情况不同。例如，如果设定的目标是让机器人从起点位置走到迷宫的终点，那么"好"的行为，就应该是那些让机器人最终会比之前更接近迷宫终点的行为。

　　什么行为是好的或坏的是一个很重要的问题，因为程序将只会继续探索被认定为"好"的想法。换句话说，新奇性搜索的希望在于，好的想法可能是通往有趣事物的踏脚石。因此，在尝试了一系列的行为之后，程序决定专注于测试那些看起来有趣的行为。为了做到这一点，程序将采用这些新奇的想法并进行微调，继而观察是否会出现更有趣、更新奇的东西。如果机器人绕过一堵从未绕过的墙，那么对该行为的微调就有可能让机器人走得更远。另一方面，如果机器人做了以前做过很多次的事情（比如撞墙），那么这个行为就会被忽略，不会被进一步探索。这种专注于如何在迷宫中实践更新奇的想法的方式，与任何其他类型的创造性思维相同，即你可能有一个有趣的想法，然后在思考一段时间后，发现它启发了其他有趣的想法。

这将是实验变得更耐人寻味的地方。想象一下，如果机器人不断尝试新的行为并进一步探索最新奇的行为，它就与我们在本章前文描述的那个机器人有点像：一开始总撞墙，然后知道了如何避免撞墙，最后学会穿过门洞。问题是，如果我们持续这样的新奇性搜索过程，机器人最终会不会发现一个能破除整个迷宫的行为（换句话说，一个能驱动机器人从起点顺利走到终点的行为），哪怕走出迷宫并不是它的目标？

实验结果表明，答案是肯定的——如果我们运行一段时间的新奇性搜索算法，计算机将持续产生驱动机器人通过整个迷宫的行为。这个实验结果很有趣，因为没有人编写让机器人顺利通过迷宫的程序。更重要的是，穿越迷宫从来都不是一个既定目标，该程序甚至不知道目标的存在。因此，有趣的是，新奇性搜索最终发现了一个看起来相当智能的行为，尽管从来没有人告诉计算机它应该做什么。

但是，情况从这里开始变得更加复杂，因为新奇性搜索并不是我们利用这个机器人走迷宫程序进行测试的唯一算法。我们还利用机器人走迷宫来测试了一种传统的、基于目标的探索方法：在这个测试中，一个驱动机器人更接近终点目标的行为被认定为更好的行为。换句话说，计算机将进一步探索那些驱动机器人更靠近目标的行为。这与大多数目标驱动型活动的运作方式相似，即我们不断地将时间和精力投入那些能够使我们更接近目标的行为上。

如果你是目标论的"粉丝"，并且认为目标是实现任何伟大的成就不可或缺的因素，那么你可能会认为：基于目标的方法在发现通往迷宫终点的行为方面，比新奇性搜索更可靠，因为后者甚至没有设定任何目标。但实验的结果恰好相反，新奇性搜索在探索走出迷宫的行为方面要可靠得多。具体来说，我们重复了 40 次新奇性搜索的迷宫实验，机器人在 39 次实验中找到了终点；而 40 次基于目标的迷宫实验中，机器人只成功了 3 次。

试图找到走出迷宫的行为，在大多数情况下都失败了，而不尝试这个目标的行为却一直成功，这个结果的确出乎意料。是不是因为实验设置存在一些缺陷呢？正如你可能猜到的那样，自从最初的迷宫实验以来，科学界已经针对这个问题进行过多次辩论，现在已经有很多科学文献提供了此类讨论的大部分细节[49]。探讨的结果表明，这个实验有着坚实的基础，并遵循了本书迄今为止一直在强调的逻辑，即只关注目标会导致欺骗性结局。看似离目标更近的机器人，实际上经常会走进死胡同，这些死胡同与通往真正解决方案的正确路径相去甚远。我们可以在图 5.2 中看到这些死胡同，它们就像其他欺骗性的陷阱一样——实际上与中国指铐这种整蛊玩具没有本质区别。看起来能让机器人更接近终点的方向，最终却成了错误的方向。另一方面，新奇性搜索不存在欺骗性问题，因为它连目标都没有，也就谈不上所谓的目标欺骗性了。它只是尝试不断发现带来新行为的行为。最终，其中一个新行为，恰好帮助机器人解决了迷宫难题。

有些人认为，迷宫中的欺骗行为太明显了，它被故意设置成一个迷惑机器人的问题。但实际上，它并不比任何其他欺骗性问题更具迷惑性——这意味着几乎所有有趣的问题都是如此。不过，为了说服那些仍持有怀疑态度的人，我们确实在一个更自然的场景中尝试了新奇性搜索实验——双足机器人（biped robot）。换句话说，我们试图为一个拥有双腿的模拟机器人寻找新奇的行为[49]。

如果你的第一反应是，"双足机器人想做什么？"那么你就忘了，新奇性搜索并不试图做任何特殊的事情。它只是观察双足机器人正在做什么，正在尝试什么新行为，而这些行为在被发现时，都是新奇的。因此，如果双足机器人摔倒了，只要它此前从未以同样的方式摔倒过，这就是一个好的行为。你认为一个寻找新奇性的双足机器人，最终会做出什么行为？

　　答案是，双足机器人学会了行走（见图5.3）。并且新奇性搜索中的双足机器人学会行走的方式，比设定了以行走为目标进行学习的情况更好。换句话说，一个尝试越走越远的双足机器人，行走的距离反而不如一个试图一次又一次地尝试一些新奇动作的双足机器人。不出所料，背后的原因依然是目标的欺骗性。因为通往行走这一发现的踏脚石不一定是走得好，甚至不一定是平衡感。摔倒或踢腿可能反而是比迈步更好的踏脚石（因为踢腿是摆动的基础，而摆动是行走的基本方式）。但如果行走被设定为目标，那么摔倒就会被认定为最糟糕的一件事情。因此，新奇性搜索在这个实验中的表现，再次将目标驱动型搜索的表现远远甩在身后。

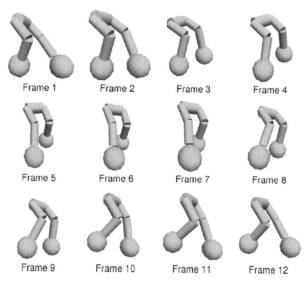

图5.3　通过新奇性搜索发现的双足机器人行走步态的一个周期

注：Frame = 画面（1、2、3、4……12）

有趣的是，我们进行的机器人走迷宫和双足机器人的新奇性搜索实验结果，并没有"独领风骚"太长时间，因为来自世界各地的研究人员，也开始关注新奇性搜索。由让·巴蒂斯特·穆莱（Jean Baptiste Mouret）领导的法国科学家团队，复制了迷宫实验的结果[50]。在加拿大，约翰·杜塞特（John Doucette）将新奇性搜索应用于计算机程序的进化，这些程序用于控制试图追踪食物的人造蚂蚁的行为[51]。在捷克，彼得·克拉荷（Peter Krcah）发现新奇性搜索不仅有助于解决搜索行为的欺骗性问题，还有助于设计模拟机器人的身体[52]。在美国，希瑟·格斯伯（Heather Goldsby）用新奇性搜索来发现计算机程序中的错误[53]。而在我们位于佛罗里达州的实验室里，我们的同事塞巴斯蒂安·里西（Sebastian Risi）发现，终生学习并适应其环境的机器人也可以从新奇性搜索中获益[54]。从其广泛的应用可以看出，机器人迷宫和双足机器人实验的结果并不是空穴来风，反而证明在一般情况下，新奇性搜索有时可能比寻找一个特定的目标产生更好的结果。因此，通过不试图实现任何目标的做法，我们往往能够获得更多发现——现在我们还拥有一系列实验证据来支持这个结论。

当然，也有人证明了新奇性搜索的局限性，说它不能"一招鲜，吃遍天"。在进一步的迷宫实验中，我们生成了数百个不同难度的随机迷宫，并分别用新奇性搜索和目标驱动型搜索的方法来破解这些迷宫。数据显示的趋势是，随着迷宫变得越来越复杂，新奇性搜索和目标驱动型搜索都无法破解迷宫，但目标驱动型搜索解决问题的能力衰减得更快[55]。换句话说，新奇性搜索的能力维度更大，但也不是无限的。这个结果提出了一个深刻的问题：对于最复杂的问题，还有什么方法可以确保持续性地解决它们呢？

关于这个问题，或许不存在一个真正令人满意的答案。许多人都幻想过这个世界上存在一个万能的公式，能够让我们解决所有问题。这种想法是如此诱人，甚至吸引了很多人投入毕生的激情和时间。但这就好像历史上的探险家对青春不老之泉的虚幻追求。我们可能一直从错误的角度来看待整个问题，也许我们根本不可能总是在想要满足愿望的时候就能够得偿所愿。也许并不存在什么神奇的方法，让我们总是可以达成每一个可以想象的目标。最终，人类所有探索和发现的行为都可能是徒劳的，正如我们将在本书下一章探讨的那样。但是，即使没有万能的方法，也不能阻止我们发现有趣的事物。哪怕我们的探索漫无目的，在前方未知的道路上依然埋藏着无数的宝藏。我们可以将它们都挖掘出来，享受它们带来的意外之喜，即使我们无法预知"能发现什么"或"何时发现"。这就是趣味性和新奇性搜索教给我们的经验。但是，为了最清楚地理解这一点，我们需要理解潜伏在所有发现方法背后的徒劳本质，这样我们才能从目标的"一招鲜，吃遍天"的虚妄幻想中解放出来，继而拥抱现实，让自己成为一名拥有"即便没有目标，也能发现意外之喜"这种强大能力的"寻宝者"。

第六章

寻宝者万岁

我没有去看，而是去寻找。

——巴勃罗·毕加索（Pablo Picasso）

　　尽管人们常说，"一切皆有可能"，但事实并非如此。比如说，我们不能真的一蹦三米高；虽然许多孩子都梦想着长大之后成为一名宇航员，但只有极少数人最终能够真正登上宇宙飞船。我们的主流文化总是宣称，只要你敢梦想、敢拼搏，你就能够成为想要成为的人、做到任何想要做到的事情。因此，"不可能"并不是一个常见的或主流的话题。在本章中，我们将直面鲜有人谈论的"不可能性"，但并不会以牺牲乐观主义为代价。相反，我们希望从中发展乐观主义，拥抱未来的不确定性，而不是借此否定未来或心生畏惧。这段旅程将从思考和探索新奇事物的力量和局限性开始。

　　基于本书前一章的内容，新奇性搜索带来的经验看起来是在不刻意寻找目标的时候，找到"目标"反而更容易。换句话说，当你不担心如何解决问题，而是真正采取行动时，反而能够解决更多问题。因此，从这个角度来看，新奇性搜索仿佛成了一种"新工具"，可以添加到实现目标的现有"工具箱"中。此外，一些关于新奇性搜索的计算机实验确实产生了此类结果。在迷宫里探索的机器人，在没有尝试走出迷宫的情况下，反而学会了走出迷宫的方法；双足机器人在不试图学会行走的情况下，反而走得最远。

然而，我们需要谨慎解读这些实验结果，如果仅从其表面解释，可能导致误解。尤其当科学成果引入了一些奇怪的新事物时，我们更应谨慎。正如汽车不是新品种的"快马"一样，新奇性搜索也不仅仅是一种实现目标的新方法。尽管很多证据都清楚地表明，我们有时的确可以在没有设置目标的情况下做得很好，但更深层次的问题是，新奇性搜索并不总是能够帮助我们找到想要的东西。我们可以找出一些问题，在所有可能的答案中漫无目的地搜索，但最终却找不到解决办法。生活中这种情况很常见。

例如，我们想象一下，让新奇性搜索在一个一望无垠的迷宫中漫游，而这个迷宫朝着各个方向延伸。假设你在这个无边无际的迷宫中选定了一个地点，那么通过新奇性搜索发现通往这个特定地点的可能性到底有多大？（实验表明，在这种情况下，机器人可能会永久地迷失。[56]）这种可能的失败说明，我们不能对新奇性搜索抱有过高的期望。尽管其有效性有时可能高于追求特定目标的搜索法，但它并不是解决所有问题的"万金油"。

上述对新奇性搜索比较现实的看法能够被人们接受。但是即便目标驱动型搜索在实现特定目标的过程中表现得比新奇性搜索更逊色，前者依然拥有很大的余威。在许多简单的问题中，朝着一个遥远的目标前进并不是一个好主意，它们显然比没有特定目标的搜索更糟糕。但人们还是很难彻底抛弃目标有用论。为此，人们可能会试图提出一个对目标更有利的折中观点。其中一个可能的论点是，目标依然必要且重要，新奇性搜索不过是强调避免"将所有鸡蛋都放在一个篮子里"。换句话说，在寻求目标实现的时候，我们需要保持多样化的思维。再换言之，因为一心一意地追求某个特定目标太有欺骗性，所以我们应该尽可能保留不同选择的可能性，以防一开始看起来最靠谱的路径，到后来反而行不通。

要理解这种"保持多样性思维"的方式，可以将其想象为在赛马场上赌马。即使是最优秀的马，也无法赢得每一场比赛，所以最好的下注方法，就是同时下注几匹马，而非单押一匹"常胜将军"（这就确保了多种可能获胜的途径）。如果以同样的逻辑思考新奇性搜索——将其作为一种保持更多选择的方式——那就没有必要彻底放弃设定目标的思路。因此，在积极地追求实现某个特定目标时，我们要做的就是尽可能保留多块备选的踏脚石，以确保实现目标的成功率。

这种观点对目标论相当友好，如果你相信它，就意味着你本质上认为：尽管目标可能并不完美，但整体而言，目标的指导性依然非常有用。我们可以将目标比喻为英语中的拼写规则，例如"字母 i 通常位于字母 e 之前，但接在字母 c 后面的情况除外"，也就是说，大部分英文单词遵循这个拼写规则，但在极少数特殊情况下，这个规则会产生误导。基于这个逻辑，我们或许可以对基于目标的探索"缝缝补补"后继续使用，而不是彻底抛弃它。本着这种精神，人们提出了一个折中的想法：将以目标为导向的探索和新奇性搜索相结合，说不定会更有效。在这种情况下，目标可以帮助我们朝着正确的方向前进，而新奇性搜索则可以抵御目标带来的欺骗性。没错，我们的确不应该纯粹依赖目标带来的驱动力，但也不应该彻底放弃设定目标的做法。

不幸的是，事情远没有这么简单，俗话说"鱼与熊掌不可兼得"。如果世界按照这个逻辑运行，那么人们就可以通过在追求的目标中简单地添加一点多样性来"弱化"目标的误导性，进而保持对特定目标的追求，并最终实现这个目标。然而，这并不能掩盖一个严重的问题，即目标越是"高大上"，其欺骗性也就越强。欺骗性是目标身上阴魂不散的"幽灵"，难以彻底清除。从欺骗性角度看，目标在本质上就是一个错误的指南针。因此，不管你用多少理由说服自己相信只要保持开放的心态就能坚持既定的目标，都不能改变目标指错方向的事实。如果你的指南针指向了南方，但你实际上要朝着北方前进，那么不管思想多么开放，都无法改变目标这个"指南针"毫无用处的事实。诚然，秉持开放的心态，最终仍有可能引导你抵达想要去的地方。例如，你有时选择无视指南针的指引，不时地尝试全新的道路以测试其成功的可能性。但如果你最终依靠这个方法达到了理想的目的地，这种成功也无法归功于目标的错误引导。就此而言，与其保留一个错误的指南针，不如早早将其丢弃。

以本书第五章中在迷宫里寻找新奇行为的机器人为例

（见图 5.2），尽管将"走出一个简单迷宫"的行为称作"高大上"的目标可能有些牵强，但事实证明，这个目标依然具有很强的欺骗性——当机器人试图以走出迷宫为目标时，它几乎总是失败。为什么即使在一个看似相对简单的迷宫中，目标也如此具有欺骗性？答案与墙壁有关——当这些墙壁阻挡机器人直接跑向目的地时，被目标驱动的机器人就会撞上目标方向上距离最近的墙壁。

这堵最近的墙吸引了机器人的注意力，因为通过接近这堵墙，机器人离目标——迷宫出口——更近了，这激励它继续前进。但现实情况是，如果机器人想要比这堵墙更接近出口，它首先需要远离这堵墙。这往往不会产生好的结果，因为从目标驱动型搜索的角度，远离墙壁看起来是一种更糟糕的行为。因此，对绕过墙壁这种想法的任何进一步的探索，都可能会被过早地禁止。只有到了最后阶段，当机器人已经学会绕过障碍物，进入可以直线奔向目标的范围内时，目标驱动的行为才能够真正地将探索推向正确的方向。但到了这个阶段，已经不存在任何真正需要解决的问题了。毕竟学会奔向位于正前方的目标，并不存在任何挑战性。当最终的目标已经近在咫尺，无论目标驱动的方法是否与新奇性搜索结合，都能够轻而易举达成目标，目标本身的意义也就不复存在。因此，尽管将目标驱动与新奇性搜索的概念结合能够解决一些问题，但这种结合绝对不是实现"高大上"目标的良方，因为这些目标充满了欺骗性，以至于其本身沦为一种负担。就好像对于最聪明的探险家而言，一张破碎的地图并没有任何用处那样——尽管探险家们最终仍然可能抵达目的地，但这种成功与这块地图碎片无关。

让我们回顾本书第五章提及的案例，人们试图穿越回到5 000年前，尝试提前实现发明计算机这个"高大上"的目标。在这个例子中，这个目标就是所谓的地图碎片，它充满了欺骗性。因为在5 000年前，再开放的头脑也不会选择投入时间和精力去研发真空管，因为没有人能够预料到真空管的问世直接导致计算机的诞生。为此，投入时间和精力探索所有看起来有趣的创新会更有意义，而这实际上就是古往今来人类一直在做的事情。因此，我们只是需要更深层次的多样性（但仍专注于整体目标的追求）这一想法本质上是错误的。它的问题在于否认了目标不可逃避的缺陷——如果你在前行的过程中使用坏的指南针，那么无论你多么努力地尝试偏离其指向，还是会受其影响而继续朝着错误的方向前进。

这就是为什么不放弃对目标的执着信念，就不容易理解新奇性搜索。尽管纯粹地寻找新奇的事物肯定不是解决所有问题的方法（即使在某些情况下这个方法很有效），但将寻求新奇事物的动机与实现目标的动机相结合，并不能掩盖目标的欺骗性。当然，单纯地依赖目标的指引是一种更糟糕的做法。因此，我们不得不接受一些略显谦卑的观点：也许认为存在某种找到目标的"最佳实践"的想法，在本质上是有误导性的。探索或追求的本质，或许就是"徒劳"二字——

没有任何一种探索方法能够保证我们得偿所愿。为此，仅仅放弃"目标是指导探索的最佳方式"的想法是不够的，因为我们已经知道，设置目标并非最佳的方法。但同时我们还要放弃与之相对的想法，即任何事情都可以揭示出通往"高大上"目标的道路。

尽管在机器人走迷宫和双足机器人学习行走的实验中，新奇性搜索的确更好地解决了问题，但这并不意味着它永远有效。但目标驱动型搜索的"无能"程度，有时甚至到了"不堪入目"的地步，这更令人不安。假如设定了一个目标并以此为目的地前进是取得成功的正确路径，那么一个甚至不知道自己要做什么的方法，在一些简单的问题上竟然能够表现得比目标驱动的方法更好，这又说明了什么问题？尽管你可能会驳斥称，在一些更复杂的问题上，新奇性搜索的表现可能也不是太好。但目标驱动型搜索在这些简单问题上已经一败涂地的事实，是否意味着这个方法的前景更加黯淡？如果目标驱动的方法，在一个简单的走迷宫测试中就已经远远逊色于新奇性搜索，那么在更复杂的探索（如探索高等智能等）中，它还有任何胜算吗？别妄想从单细胞生物中进化出人类水平的智能了——我们甚至连训练一个机器人顺利走出一个简单的迷宫都做不到。

如果你仍然想为目标的合理性辩护，还可以争辩说，目标驱动的计算机实验背后的算法程序可能存在缺陷，导致实验结果出现了偏差。但是本书第五章计算机实验的结果不是这么轻易可以否定的，因为除了分别追求目标性和追求新奇性之外，这些程序和算法是一模一样的。而且，鉴于我们已经知道计算机程序在寻求新奇性的时候，确实能够稳定地解决迷宫问题，所以导致实验结果不同的因素不可能是程序的缺陷或问题。经过对比实验，结果表明同样的算法在两种不同的设置下进行了探索，并只在寻求新奇性的情况下获得了成功。更重要的是，其他研究者的实验也验证了这些结论[50]。因此，问题只可能出现在目标本身。由于新奇性搜索不能解决所有问题，新奇性搜索与目标驱动的混合体也不是完美的解决方法，我们只能面对一个严峻的事实：没有任何方法，能够确保我们可靠地实现特定的目标。

这听起来是一个坏消息，但也在意料之中。举一个极端的案例，究竟是什么程度的搜索才能在摩天大楼那么高的干草堆里找出那根被隐藏的、极细小的针呢？事实上，关于搜索的局限性，已经有无数学者做出了论述。例如，数学家大卫·沃伯特（David Wolpert）和威廉·麦克里迪（William Macready）提出的一个著名的原则："没有免费午餐定理"①（NFL 定理），表明在所有待优化的问题上，都不存在整体最佳的搜索算法[57]。事实证明，改进搜索过程尽管可以实现某

---

① 对此简单易懂的解释就是：（1）一种算法（算法 A）在特定数据集上的表现优于另一种算法（算法 B）的同时，一定伴随着算法 A 在另外某一个特定的数据集上有着不如算法 B 的表现；（2）具体问题（机器学习领域内的问题）具体分析（具体的机器学习算法选择）。——译者注

一特定目标，但由此便无法实现其他目标了。简而言之，不存在"万金油"式的方法。

通常能帮助我们做出正确决定的经验法则，在某些特殊情况下会误导我们，比如车钥匙并不总是放在上一次放钥匙的地方（你的狗有可能将钥匙拖到别的地方）。机器学习领域的研究人员，特别是那些对所谓的"黑盒优化"[1]（black box optimization）感兴趣的人，应该非常熟悉这类争论。

但新奇性搜索使剧情出现了惊人的转折，尽管前述结论使探索的前景看似毫无希望，但实际的结论比表面上看起来更微妙、更深刻。我们极有可能找到令人惊奇的东西，只不过没办法确定这个东西是什么！

这给人们带来的启示是，如果伟大的发现还没有被寻获和定义，那么这个"捷足先登"的机会就有可能是我们的。这个表述以前面章节中的图片孵化器网站、自然进化过程和人类创新过程中的结果为论证。诚然，在本书第五章中关于新奇性搜索和目标驱动型搜索的实验结果对目标驱动的理论十分不利，因为这些实验结果表明，目标驱动型搜索的表现实际上远远逊色于一种更明智的、不依赖于目标的搜索。但非目标搜索的更重要启示是，它是一位实力强大的寻宝者。在漫无目标的新奇性搜索中，你不一定能找到心中想要的宝藏，反而可能发现许多意料之外的宝藏，这将使整个过程充

---

[1] 人工智能领域一种深度强化学习的方法。——译者注

满惊喜。新奇性搜索的实验表明，一些通过目标驱动方法难以找到的宝藏在没有设定目标的情况下，反而能够更容易被找到。但是我们无法准确地说出，哪些宝藏将会被找到；我们只能说，在新奇性搜索的指引下，有些地方是可以抵达的，无论它们是不是我们想要去的地方；并且我们还可以肯定地说，这些地方是目标驱动型搜索绝对无法抵达的。没有人设定在图片孵化器网站上生成一张汽车图片的目标，但它最终出现了。颇具讽刺的是，如果有人真的设定了这个目标，那么这张汽车图片反而永远都不会出现。

努力追求目标成了一种"诅咒"，而放弃设定目标反而成了一种"福运"。这种奇怪的悖论，为我们能够更现实地理解"什么是可实现的"以及"如何实现"奠定了基础。这就意味着，过分"高大上"的目标永远不可能通过努力追求来实现——除非这些目标距离我们只有一步之遥。在目标遥不可及的情况下，我们唯一能做的就是放弃朝着特定方向的努力。尽管这种看似漫无目标的寻宝方式不能确保我们到达任何特定的目的地，但它能在这个过程中不断地帮助我们积累通往未知地点的踏脚石。本质上来说，寻宝者又可以说是秉持机会主义的探险家，他们致力于寻找任何有价值的东西，而不在乎这些东西具体是什么。要想成为一名合格的寻宝者，我们就必须尽可能多地积累踏脚石，因为我们永远不知道哪块踏脚石可能通往有价值的地方。

此外，即便个人的探索旅程并没有在自己希望的地方结束，但抱着"孤独发明家"或"古来圣贤皆寂寞"的心态，认定"某个目标不可避免地只能通过自己一个人的不懈努力来实现"总归是不现实的。相反，从长远来看，最终能彻底征服"搜索空间"的人，必然是一群有着不同兴趣爱好的聪明头脑，而不是仅凭任何一个单独的目标来孤军奋斗的个人。我们确信，类似图片孵化器网站上的蝴蝶图片和汽车图片一定会在未来被发现，不是因为有人在刻意地寻找，而是因为每个人都在探寻充满可能性的一切事物。未来或许将不按照我们的计划到来，但它一定会到来。

这种看法听起来或许很悲哀，因为人类没有关于未来的确切指南针，我们为创造确定性和有目标的努力所做的一切，都可能是徒劳无功的。但我们完全不必失望，也许探索和发现本身就不应该专注于具体的目标，而是应着眼于一些更伟大的东西。在这种情况下，放弃错误的指南针（具体目标）或许能够解放我们的思维，打开全新的疆域。新奇性搜索的实验表明，即使在一台计算机上，我们也能够通过算法捕捉开放式创新和发散性思维的过程。因此，新奇性搜索不可能是一种充满神秘的、类似巫术的存在，而是一个有原则、有逻辑的科学过程，是人类可以理解并且掌握的过程。如果非目标导向型的发现，是自然进化、人类创新、图片孵化器网站和新奇性搜索的灯塔，那么我们同样可以将其收入囊中、为己所用。它是值得拥抱的新事物，我们不应该将其视为洪水猛兽。

图片孵化器网站和新奇性搜索实验的启示是，我们实际上可以根据非目标原则，建立各种不同的体系。我们在过去很少这么做，但摆脱了对目标的盲目崇拜之后，建立各种不同的寻宝系统的可能性就变得十分诱人了。这些系统能帮助我们发现那些在目标驱动方法下，被隐藏起来的有用或有趣的可能性。来自不同人的反馈甚至也可以发挥作用，就像利用了不同人群的审美偏好和洞察力的图片孵化器网站那样。而一旦很多人开始产出成果，许多可能性就会在眼前铺开。

在一个不以目标为导向的世界中，充分调动群众力量的最佳方式，并非通过常见的"头脑风暴"式讨论、集体会议或"高大上"的项目规划。它不要求一群人就接下来应该做什么达成共识，这不是寻宝者的工作方式。相反，达成共识恰恰是我们需要摆脱的文化倾向。我们不想要什么"排名前40"的金曲榜单，因为它要求所有人都得在最佳歌曲的评选上达成一致意见；也不想要什么"委员会的设计"，因为这会使集体共识削弱关于新产品的任何有趣的愿景。恰恰相反，释放寻宝者能量的正确方式是将人们彼此分开，就像图片孵化器网站所做的那样，人们只能在他人完成的图片上继续创造，进行互动。尽管很多参与了寻宝系统的人可能带着个人的目标而来，但由于每个人的目标各不相同，整个系统本身并不具备一个达成共识的既定目标。

例如，在图片孵化器网站上，一个人培育出一张只有他自己喜欢的图片，但这并不是一件坏事。因为不同的人，分别为整个有趣图片的寻宝活动提供了有价值的踏脚石。网站设计的初衷，是收集每位用户依据各自的喜好而发现的诸多踏脚石。有趣的是，互联网为我们提供了很多机会，使我们可以验证这种寻宝方式。得益于覆盖全球的即时通信体系，组织来自世界各地的人进行创造，并在彼此的成果上进行再创造变得比以往更容易。

以销售家具的网站为例，假设你正在登录这样一个网站，你将看到一个线上的家具目录。通过浏览各色产品，你可以选择中意的家具。换句话说，这是一种单向的创造性交流——作为消费者，你只能购买他人设计好并推销给你的产品。但在未来的某一天，整个过程或许会变得不同。假设你想买一把椅子，那么在登录家具网站之后，你就能看到一系列在售椅子的款式模型，但随即事情开始变得有趣——你没有像以前一样，选择一个已经设计完成的中意款式并下单购买，而是可以提出一系列个性化的设计要求。这些要求并不是简单的客户定制（例如调整颜色或加上个人寄语），而是对现有设计的真正突变。例如在一把新椅子的面料上添加一块新的彩色图案，或者要求把一张新桌子的桌腿以异于常规的方式进行弯折，等等。

然后，这些"突变"的家具将呈现在你的面前，几乎生成了一个全新的家具目录，但它们是基于你之前选择的模型而生成的。在你找到自己想要下单购买的东西之前，你可以继续选择自己喜欢的东西，并查看它们的"变体"。最终，你下单购买的椅子，将真正由你个人的创造力来塑造——你个人的选择和喜好帮助完善了设计方案。然后，这把椅子将被单独定制，送到你的家中。与当前常见的线上购物目录不同的是，在这个全新的世界里，消费者成了创新的一部分，这在过去是不可想象的。更令人激动的是，消费者无须是天赋异禀的木匠或专业的设计师就可以亲自"培育"出一把令人满意的椅子，就像在图片孵化器网站上"培育"图片那样。

到目前为止，这个自主设计的故事只涉及一位客户。但随着越来越多的客户登录网站，并在自主培育出椅子后最终购买，寻宝者系统的魔力就会开始显现。这个家具网站成为一个踏脚石的收集器，在一个不断壮大的椅子设计数据库中储存了许多新发现，每一个新发现都可能是通往更有吸引力的椅子的踏脚石。更妙的是，我们已经知道哪些椅子是宝藏，因为我们知道客户最终购买了哪些椅子。因此，当一位新客户访问网站时，最初给他展示的在售款式，可以是一套由老客户设计并购买的成品组成的合集。这样一来，新客户会不知不觉地参与到椅子的设计中，从而跳出老客户们青睐的设计款式。老旧的在线订购家具目录瞬间得到更新和补充，成为一个没有设定统一目标的合作性搜索体系，顾客也由此成为家具领域的寻宝者。

这种寻宝者形式的目录还可以应用于很多地方。不仅仅是椅子，服装、汽车，甚至住房领域都可以进行类似的探索。当然，这种个人定制产品的成本可能更高，对制造工艺的要求也更高（也许可以寻求当下发展迅速、市场日益扩大的 3D 打印技术的帮助）。这种定制法的真正优势是使消费者不再受限于专家和设计师的设计方案。这些目录可以自行发掘新奇设计，制造真正有别于先前的独特的新产品。

但我们探讨此类互动性目录并非因为它是一个绝佳的商业创意，而是由于这个思维实验提出了耐人寻味的问题：你会信赖这种目录吗？你会信赖一个所有东西全然没有专业人士参与设计，都是由客户独立"发现"的产品目录吗？你会期望这些产品合集是怎样的？它们会是值得你花钱或关注的优秀作品，还是看起来就像出自毫无章法的业余爱好者之手的二流实验品？

让我们先厘清一个细节，必须有人先来设计在线系统，使家具样式（或任何产品样式）能够被探索。这种程序必须包含人工智能才能使当前备选款式模型的微小、随机的调整得以实现。只有这样，用户才可以探索家具的设计。这个想法类似于图片孵化器网站的原理。同样，这个家具网站也需要一种能对家具设计进行微调的呈现方式，即用一套数字化家具的形式来呈现微调后的家具。我们不能想当然地认为，编写一组计算机程序来调整家具的设计是一件非常容易的事。它可能同样要经历实验和试错的过程，才能得出最合适的结果。但更大的问题是，在编程时我们是否会期望它的使用者，能够最终发现理想的设计。即使我们认为家具的各类程序已经设计得很完善，能够允许用户轻松地实现家具设计，但仍然会有一些潜在的问题。比如，使用者不是家具设计师，彼此之间也没有统一的设计目标。所以我们依然需要知道，我们期望从这样的实验中得到什么？

对于一个家具公司或任何其他商品生产企业来说，这都是一种充满风险的尝试。一家企业是否真的敢让其客户决定公司设计和销售的产品类型？但寻宝者实验的证据表明，这一系统正是发现隐藏宝藏的正确方式。缺乏统一的目标，意味着该系统不会被改进的表象欺骗。它不会只局限于由用户达成审美共识后设计的几件传统家具。相反，它将不断积累一些踏脚石，然后带来更多踏脚石。设计师自己，甚至是专业人士，在优化某一特定的产品风格或规格时仍然可能被欺骗（像往常一样）。因为通往伟大设计的踏脚石可能看起来与最终的、理想化的产品并不相似。这就是为什么即使是专业设计师可能也想不出有趣的设计方案。具有讽刺意味的是，这些原因使得业余爱好者在没有统一目标的情况下访问产品目录并参与其设计，有时反而更有可能发现隐藏的宝贝。

但这并不意味着专业设计师会因此而失业，他们仍能发挥重要的作用，而且他们的许多设计都很出色且恰到好处。但有一些可能性，是我们通过传统方式永远无法发现的，那些隐藏的宝藏只有在没有设定统一目标的寻宝者系统中才会被顾客发现。类似不断"进化"的家具目录这样的系统（未设定一个统一的整体目标）其实是很有趣的，因为其参与者并不遵循"达成共识，朝着特定目标前进"的初衷。相反，用户们的探索潜力得以释放，朝着不同方向发散，并在彼此的创造基础上继续发展。与其说寻宝者体系消除了对专业人士的需求，不如说有朝一日，专家们的技能将被用来帮助创建和扩展这些类型的系统。这样一来，他们可以利用专业知识为客户"搜索空间"的建设提供参考和助力。

最重要的是，我们可以利用寻宝者系统来创造并发现那些在目标驱动情况下，不可能存在的创新概念。交互式产品目录只是其中一个可能的应用（本书第七章和第八章将探讨这个想法在其他领域或行业的应用）。更重要的是，交互式产品目录展示了这种思维方式可以产生不基于传统设计理念的全新创新方法。没错，我们最终必须放弃"存在某种可以保证我们一定可以抵达预定目的地的方法"的思维方式。确保所有成就都能达成的神奇公式并不存在，且探索在本质上可能是徒劳的。但我们仍有一线希望，即人们仍然可以在没有设定特殊目的地的情况下出发，在遥远的某个地方找到隐藏的宝藏。因此，我们不应该为目标神话的幻灭而太过悲伤。

在没有设定统一目标的情况下，探索反而最有可能大放异彩。只要看看自然进化、人类创新、图片孵化网站或新奇性搜索就知道了。这些探索的过程并不太相同，有些比其他更为宏大，但它们的确有一个共同点，即没有设定目标。新奇性搜索的实验凸显出盲目推崇目标的风险，当我们从目标的控制中解放出来时，我们看待世界的方式也将发生许多变化。我们将在本书第七章、第八章探讨这种全新的思维方式对社会管理的影响。在非目标型创新的全新引领之下，许多曾经熟悉的经验法则或将被彻底颠覆。

第七章

解开禁锢教育的枷锁

　　为了证明美国正在进步，你可以展示各种各样的证据：学校的考试成绩、犯罪统计率、逮捕报告，或其他可能让政治家顺利当选、让普通职员获得晋升的任何东西。在制定了此类统计标准之后，机构中的许多人就会绞尽脑汁地想办法让它看起来有进步，哪怕实际上根本没有。

——大卫·西蒙（David Simon）

　　本书的开篇曾指出，我们主流文化中几乎所有的事情都以目标为导向。目标在生活和工作中如此常见，以至于人们很少质疑目标的必要性。不过现在我们已经知道目标可以轻而易举地欺骗我们。同时，图片孵化器网站和新奇性搜索这两个案例告诉我们，在摆脱目标的束缚后，反而能探索到更好的结果。然而，目标依旧带来了深远的负面影响。我们将在接下来的两章探讨目标是如何影响现代生活的。表面上看，目标似乎推动了人类社会向前发展，但实际上我们为此付出了高昂的代价。

　　在这一章中，我们首先要回答，对目标的日益迷恋会给社会造成怎样的危害？人们或许普遍存在这样的直觉，即不间断的民意调查、评估并依赖目标导向的标准，往往会使一件有创造力的东西逐渐失去"人性"，变得机械化。当然，如果忍受这些"副作用"意味着能带来更好的结果，或许人们也可以勉强接受这些标准，并把它们当成获取进步必须付出的代价。但事与愿违，当社会的衡量标准被设定为明确的基准时，结果往往会更糟。因此，如果没有更好的结果作为回报，一味执着于"存在缺陷"的措施，不仅不会带来什么好处，反而会造成严重损失。

接下来，为了具体地说明社会为此付出的隐性成本，本章的大部分内容将更详细地研究社会的一个关键功能：教育下一代。我们将看到对目标的痴迷如何引发了当前教育中令人不安的趋势，比如一味地关注标准化考试和剥夺教师的自主权，等等。当然，目前的趋势也可以被扭转。我们将看到非目标思维如何在探索未知、人的多样性发展和激发创造力这三方面为教育带来全新的视角。

首先，是否有明确的案例表明，确立一个社会总体目标弊大于利？事实上，已有大量的科学证据表明这种情况经常发生。例如，本章开头的引言就呼应了社会科学中众所周知的坎贝尔定律（Campbell's law）[58]：任何量化的社会指标，越是被用于社会决策，社会腐败的压力便越大，也就越容易扭曲和腐蚀它所要监测的社会进程。

换句话说，类似学业成绩测试这样的社会指标，当其目标是"让成绩更上一层楼"时，效果往往是最差的。原因在于，单一的指标很难把握人们真正关注的是什么。例如，以学生的考试成绩为标准来评估教师，会直接迫使教师开展应试型教学[59]，而最终的结果，不是培养出具备丰富知识和实用技能的学生，而是产出擅长记忆和考试的应试型学生[60]。以考试成绩为目标时，学生的成绩可能会提高，但同时也意味着他们真正掌握的实用知识反而变少了[61]。关于教育领域的目标导向实践，还有很多值得一说的东西，我们将在本章的后面部分更深入地探讨。

但任何"高大上"的社会追求，最终都会面临同样令人沮丧的悖论。当社会对进步的追求被打包为一种措施进行衡量时，就会产生目标驱动效应。如果目标十分"高大上"，那么提升目标表现的驱动力很可能产生欺骗性，反而阻碍了人们发现最佳结果的能力。以国内生产总值（GDP）为例，这是衡量国家生产力的一项国际通用标准。每个国家都希望最大限度地提升 GDP，因而"GDP 最大化"就成了国家层面的一个目标。但 GDP 的增加，并不意味着保持当前的经济政策一定能够继续提升 GDP。因此，经济发展可能会陷入一个"中国指铐"式陷阱——需要来一招"以退为进"才能够获得更大的增长。事实上，经济学家们已经意识到，过度依赖 GDP 没有意义，即使它是全球各国广泛采用的经济指标。这种悖论也被称为"GDP 崇拜主义[62]"。

就像考试成绩一样，GDP 这类指标越是"金玉其外"，反而越会变得"败絮其中"。究其原因，GDP 是如此单一的衡量标准，它并不能真正反映健康经济体的真正内涵。一名善于玩弄权术的政客为了寻求连任可能会制定一些政策来在短期内大幅提高 GDP，但从长远来看，这些政策对经济是有害无利的。这类问题恰恰说明了通过单一指标来制定国家政策的危险性——它们很容易导致欺骗。

坎贝尔定律的一种更有害、更极端的形式是不当激励，即有时为了使事情变得更好而选择的奖励或措施，实际上会使事情变得更糟。例如，印度受英国殖民统治时期，英国政府为了消灭毒蛇出台了一项政策：印度公民每上交一条死蛇，就能领取一笔报酬。但这项措施并没有达到预期的效果，反而导致印度公民为了获得赏金而争相饲养眼镜蛇，然后杀死它们牟利。最终，印度的毒蛇数量增加了[63]。因此，这项激励政策产生了与预期背道而驰的效果。同样的事情也发生在越南首都河内，但抓捕的对象不是毒蛇，而是老鼠。这最终导致了老鼠养殖场[64]的出现，而非鼠害问题的减轻。

其他不当激励的例子还有很多：旨在减少酗酒或吸毒的运动，可能会导致危害性更高的药物[65]逐渐泛滥；为工人发现的每块恐龙骨碎片支付报酬，会导致工人选择砸碎整块骨头以获取更多奖赏[66]；为提高企业收益而给高管支付奖金，会导致带来长期隐患的短期逐利行为[67]。这些例子表明，目标的欺骗并不局限于算法和进化领域，而是无处不在，遍及各行各业。这在很大程度上，成了危害日常社会健康的疑难杂症。我们需要了解的是，对目标的盲目崇拜对社会的危害有多大，以及我们能做些什么来改变现状。

当研究和探讨的对象是人类社会时，我们应尤为小心谨慎，因为这样的情况已经超出了日常生活的范畴。在线图片培育网站上的一个发现，最终会影响到整个社会的文化行为；国会也不会根据数学理论领域的最新突破来立法；理论科学的研究成果很少被应用到社会批判中，至少在谷歌搜索之外的领域很少见。但不知何故，它们在目标方面的交集却出奇地自然，也许这是因为对成就的追求是人类刻在骨子里的天性，即使是科学家也在研究成就与探索。

在本书，我们一直研究的是探索和发现的逻辑。当然，追求任何有价值的目标都必须遵循某种内在逻辑。但在某些情况下，这种逻辑非常脆弱，已经普遍被人们否定了。比如在教育领域，对标准化考试的过分执着，会导致老师和学生只专注于提升应试技巧和死记硬背的能力[59-61]。在其他情况下，这种逻辑更微妙，更少被公众探讨。最大的危险在于，当逻辑被包裹在一个崇高的目标中之后，其立即具有可信度，跻身不容置疑的崇高地位。这时候对衡量进展或评估计划成功的可能性等文化主旨提出疑问，可能就成了毫无意义的激进做法。毕竟，谁会反对评估呢？

但我们已经意识到，目标是有问题的，而且这个问题并不会因为它们被嵌入人类的美好愿望而突然消失。与此同时，当目标驱动的追求没有效果的时候，非目标驱动型的探索却常常有效。因此，我们已经到了有权质疑传统意义上不可置疑的存在（目标）的关键时刻。这种逆向思维毫无疑问很有趣，但同时我们也要尽量保持谦逊。我们的目的，不是要谴责现代社会的整个基础。正如前文指出的那样，目标不是，也永远不会是无用的。它们在追求日常的成就时发挥着重要作用，并将在未来继续发挥作用。但我们在此谈论的不是那种日常生活中常见的、能轻易达成的成就。

相反，我们正在研究那些人们为创新、发现和创造而努力的细分区域。换句话说，我们对远处笼罩在迷雾之中的湖对岸的风景颇感兴趣。由于创造力是人类最重要的能力，我们几乎可以在任何领域看到这类努力，从小学或研究型大学的教室，到投资者的投资组合，甚至在我们自己内心。但是，虽然我们几乎在任何地方都能发现创造力和创新，但探讨一些特殊的例子，以说明非目标导向的思考如何能带来直接影响社会的效果，是很有帮助的。为此，我们将在本书第八章重点讨论科学、商业和艺术领域的人类创新，而本章接下来的内容将专注于对教育领域的探讨。

***

想要质疑或挑战社会对待教育的态度，让我们首先看看社会对那些所谓"无所事事"的年轻人的刻板印象：对未来没有规划明确的道路，没有具体的目标。你可能认识这样的人，或者你自己就是这样的人。这当然不是值得学习的榜样。要想振作起来，你需要一个计划和目标，然后全心全意地追求这个目标的实现。但遥远的职业理想本身，不就是值得追逐的"高大上"的目标吗？从跻身青少年荣誉榜单到成为伟大的发明家之间的步骤，充满了不确定性。如果你一开始就为未来的某个职业目标而奋斗，并让这种追求引导所有的决策，那么你迟早都会掉进目标的欺骗性陷阱（就像追求任何其他"高大上"的目标那样）。当然，你最终可能会拿到一个工程硕士学位并在一家颇有声誉的公司工作，但如果这就是你此生达成的全部成就，那么你其实并没有如儿时梦想的那样成为一名伟大的发明家。

如果你从头读到这个章节，或许已经知道如此这般的原因。这不是目标过于高远，或你个人不够努力的问题，而是目标的欺骗性问题——因为那些通往伟大发现的步骤（踏脚石），看起来与那些伟大发现毫无相似之处。换句话说，你在用错误的指南针导航。同时，我们已然发现，往往没有设定具体目标的探索，反而能够带来更有趣的结果。奇怪的是，如果你效仿了那些"胸无大志"的青年，反而有更可能接近伟大的发明家（或伟大的建筑师，或伟大的作曲家）的境界。这是因为无所事事的年轻人可以扮演"寻宝者"的角色，在摆脱了既定目标的束缚之后，他们可以勘察各种类型的踏脚石，从中选择自己最感兴趣的去尝试和探索。只要不是从起点就开始限定前进的路径，我们就能够探索不同类型的踏脚石，追寻当下最感兴趣的东西。没有设定目标的人，反而有机会嗅到路旁的玫瑰花香（享受常被他人忽略的美好事物）、广泛地涉猎不同领域的知识；而那些只专注设定每日任务清单，致力于完成清单列出的每一项内容的人，反而失去了这种"邂逅最美意外"的机会。

如果你接受"目标作为指南针是一个错误"这一理念，那么很多常见的假设，例如所谓的"人无目标不立，事无目标不成"，就开始站不住脚了。当然，故事从来都不是非黑即白的，因为漫无目标并不总是一件好事。但如果将漫无目标与对探索的渴望相结合，可能激发巨大的潜力。在看过这么多没有设定明确目标，反而带来伟大发现的案例之后，我们或许开始明白其中的缘由。理解了这个观点之后，再回过头看史蒂夫·乔布斯的成功故事就非常有意义了。乔布斯将个人经历描述如下：

而六个月后，我却看不到其中的价值所在。我既不知道这辈子想要做什么，也不知道上大学是否能帮助我找到答案。但是在上大学一事上，我几乎花光了我父母这一辈子的所有积蓄。所以我决定退学，并相信一切都会有办法。我当时确实非常害怕，但是现在回头看看，那的确是我这一生中做过的最棒的一个决定。在我退学的那一刻，我终于可以不必去学那些令我提不起丝毫兴趣的课程了，然后我还可以去修那些看起来有点意思的课程。

这是否意味着每个人都应该从大学辍学？虽然答案是否定的，但这个故事确实暗示着，或许没有计划反而是一个非常好的计划。如果辍学是为了探索有趣的东西，寻找最有前途的踏脚石，那么辍学的策略就同报医学预科班并于期间修完所有必修课一样有效。尽管乔布斯说，他不知道自己想做什么，但他恰恰做了自己想做的事，那就是去探索无限的可能。只不过，在我们的文化中，没有明确目标的"探索"，似乎是有缺陷且具误导性的，甚至连乔布斯也不敢肯定地为其"美言一二"。在没有那些常见的里程碑节点和计划的重压下，谁能预测下一代人会有什么伟大的发现呢？

像乔布斯这样秉持开放式思维的开拓者，他的成功故事表明，我们在放弃沿着传统的高等教育之路前行后，仍有可能获得成功。但更重要的是，这种故事同样反映了目标思维给整个教育带来的深刻阴影。就这一点而言，教育就成了一个容易受到"目标化"影响的领域。因为教育对评估的严重依赖，实际上都是为了追求各种目标的实现。整个教育系统充斥着许多类型的评估，挑出一些最具代表性的案例不过是小菜一碟。例如，我们都知道，儿童时期不间断的（学业成绩）测试可能会扼杀孩子们的创造力。但是，与其选择这些简单的目标，不如让我们更深入地看看人们对目标的盲目崇拜，是如何潜伏在这种被普遍接受的教育实践背后的。与其考虑学业测试对学生的影响，不如思考一下如何以及为什么要根据标准化测试的结果来评估学校本身。

评估是当前教育领域最常用的衡量手段。标准化测试不仅被用来评估学生的课业表现，还被用来评估学校教育的成功与否。通常情况下，人们希望这些针对学校的评估，将有助于获得理想的结果，其本质就是实现各种类型的教育目标。例如，2008 年美国教育部给佛罗里达州教育局局长发了一封信，信中讨论了佛罗里达州在实现《不让一个孩子掉队》这项教育法案所列目标方面的进展：

年度可衡量目标（AMO）［为使学校满足"适当年度进步"（AYP）的目标要求而规定的，获得优异成绩的学生人数百分比本年度目标］：

· 2008—2009 年，佛罗里达州的目标是：65% 的学生在阅读 / 语言艺术方面取得优异成绩，68% 的学生在数学方面取得优异成绩。

· 年度可衡量目标的类型：佛罗里达州根据法定要求制定了年度可衡量目标，并根据不同年份情况进行了调整，这意味着年度可衡量目标每年以等额的方式增加 [68]。

请注意，这里强调了非常具体的、可衡量的目标。我们可以将这种方式，看成佛罗里达州给自己设置了许多推动教育进步的踏脚石。例如 2008—2009 年的踏脚石，就是 65% 和 68% 的优异成绩率，并且下一年的比率还可能进一步提高。佛罗里达州希望可以通过这些数据的稳步上升，实现其长期教育目标：几乎每位学生都能取得优异的成绩。这背后的假设是，成绩的提高，表明学生正朝着未来接近完美的"高大上"目标迈进。但请注意，同样的假设也导致我们的手指卡在"中国指铐"陷阱里动弹不得，即通往自由的路径，永远不会经过一些看起来不那么自由的地方。这与目标驱动型搜索背后的道理是一样的，也就是认为提高目标的表现能够照亮通往重点目标的正确道路。

但是，在谈论教育这样重要的社会支柱时，要求人们承认目标导向型思维的不足之处可能十分困难。但如果提升与特定目标相关的表现不是取得成功的正确途径，那么我们要怎么做才能够确保"自己对自己负责"呢？我们希望这些简单的、基于目标进展的衡量标准能够告诉我们，一位教师或一所学校是否做得很好，这样我们就可以奖励那些成绩提高者，惩罚那些成绩下滑者。但不幸的是，问题越复杂，目标导向的思维就会越乏力，而教育无疑是一个非常复杂的社会问题。因此，尽管没有哪位态度严谨的教育专家会认为教育是一个简单的问题，但在教育领域应用目标导向型方法需要设定前提。只有在问题简单的情况下，通过目标来推动进步才是有意义的做法。但显然，教育并不属于这个范畴。

因此，我们也没有理由认为，教育领域的"高大上"目标，在某种程度上可以免受目标的欺骗性的危害。尽管这听起来有违常理，但一个班级的学生在某次考试中的分数高于去年，可能并不会比他们的分数低于去年更好——尤其是在考虑到学校未来的光明前景时。这是因为通向真正的、近乎完美的全班表现的踏脚石，很可能与任何常见的教育衡量指标毫无关联。各种测试驱使每个学生取得更好的成绩，这些成绩代表了人们期望的理想结果（即目标）。但我们已经看到，这几乎是一条注定行不通的死胡同。换句话说，试图通过衡量成绩来实现任何远大的教育目标，都是自欺欺人。这也就是说整个伟大教育事业的追求过程，完全基于对目标的盲目崇拜。这就是为什么我们需要意识到，在由目标驱动的成功中，隐藏着欺骗性的暗流。这种欺骗性甚至会影响到整个社会层面的努力，并且人们可能在很长一段时间内都意识不到它造成的伤害。

比如，在软件工程领域（开发新软件的行业）发展的早期阶段，也曾出现过类似"一切皆可测量"的风潮。许多人尤为关注具体测量标准带来的前景，期望以此提高生产力和软件质量。汤姆·狄马克（Tom DeMarco）在 1982 年写了一本颇具影响力的书，描述了这一风潮的特点，其中最有名的一句话是"无法测量的东西，就是不可控的东西[69]"。35 年后，狄马克又发表了一篇文章，表示自己的观点已经随着时间的推移发生了转变。"那本书想要表达的言外之意其实是，'衡量标准是好的，更多就更好，越多就越好'；但最终事实证明，'它们的使用，反而应该谨慎而节制'[70]。"因为，对由数百万行代码和无数相互作用的部分组成的更复杂的软件而言，"一刀切"的简单衡量标准将变得毫无价值。在同一篇文章中，狄马克写道："尽管衡量标准使我们能够对进程施加控制，但严格的控制只适用于那些没有潜力产生重大影响的项目[70]。"换句话说，只有在目标相对平凡的情况下，衡量标准才是有用的。如果我们将其应用到宏伟事业上，就会使其失去其价值。在软件开发领域，对衡量标准的盲目推崇，导致工程师们被迫不断抬高衡量标准，哪怕他们知道这些衡量标准已经日益与现实脱节——这种盲目追逐目标的主导性风潮，在持续多年之后才开始消退。目前，美国的教育系统可能正在上演同样的、盲目推崇"一刀切"目标衡量标准的错误。但这一次，受到自欺欺人式成就衡量标准束缚的对象，从软件工程师变成了儿童和教师。

问题是，目标的欺骗性不仅会损害教育这样的伟大事业。在其他类型的社会事业中，基于目标的思维也可能会带来不易察觉的破坏。例如，最近关于推出问责制的言论甚嚣尘上，即通过更加精确的评估标准来改进评估的效果及其达成的程度。以奥巴马政府出台的"力争上游"（Race to the Top）教改计划为例，美国教育部就反复鼓吹和兜售其准确性：

在美国《复苏与再投资法案》（ARRA）的授权下，"力争上游"评估项目为各州联盟提供资金，以开发有效的评估框架，为教学提供支持和信息，提供关于学生知道什么和能做什么的准确信息，并以"确保所有学生获得在大学和职场取得成功所需的知识和技能"为标准，来衡量学生的成绩[71]。

高等教育也同样正朝着评估驱动式文化的方向发展。新型测试已经出台，如美国大学生学习评价（CLA）和美国大学学术能力评估（CAAP）[72, 73]。这些测试的目的，也是为了提供关于大学生学业进步和学习成就的准确描述。

然而，准确性也同样存在一个与目标神话有关的问题。在一个由目标驱动的追求中，准确性并不一定有助于提高学业表现或成绩。如果你是"推动评估朝着更准确方向发展"

这一方案的参与者，那么前一句话听起来可能有点"忠言逆耳"了。但好的一面是，如果准确性不能解决"高大上"目标导致的问题，那么我们至少可以把资源转到更有可能解决问题的地方。

你可能还记得在本书第三章中，由图片孵化器网站用户"繁育"出来的骷髅头图片。这是一个有趣的例子，因为它可以帮助我们理解，为什么准确度不能成为解决问题的方法。真正有趣的地方在于哪些踏脚石图片实际上帮助培育出这个骷髅头图片（见图7.1）。很重要的一点是，它们中的大多数看起来都不像骷髅头，其中一张图片是月牙形，另一张看起来像甜甜圈，还有一张类似于盘子。因此，为了"繁育"出骷髅头图片，用户首先要发现这些看似不相关的图片。

步骤1　　　　步骤2　　　　步骤3　　　　步骤4　　　　步骤5

图 7.1　最终培育出骷髅头图片的图片

注：这些步骤（从总共74个步骤中抽出）追溯了图片孵化器网站上骷髅头图片的起源，直至其最原始的本源图片。

想象一下，我们在全美范围内，发起了一个从头开始"繁育"骷髅头图片的运动。"美国骷髅头培育部"为鼓励培育的进度，制定了严格的评估标准，并规定对"繁育"出的每一张图片，都要进行最细致的精准性评估。为了满足评估的需求，一个由世界顶级骷髅头评级人员组成的小组，制定了一套先进的测试手段，以 0~100 分的标准，评定所有候选图片在"骷髅头相似度"方面的得分。有了这个高度精准的测试作为保障，美国现在可以放手开启一个培育骷髅头图片以及骷髅头相似性图片的新时代。新培育的图片，如果在骷髅头相似度测试中得分不高，显然应该被抛弃；而那些得分较高的图片，显然应该被进一步培养。

不幸的是，我们已经知道这种做法最终会得到什么结果。如果我们足够幸运，它可能会带来一些有趣的结果，但肯定不会是骷髅头图片。如图 7.1 所示，看过生成骷髅头图片的、具备踏脚石性质的图片，你就能清楚地意识到，为什么这个方法永远都不会取得成功——因为这些踏脚石性质的图片，看起来跟骷髅头毫无相似之处。因此，无论我们能够多么精准地评估"骷髅头的相似度"，这个方法都不会产生效果。因为通往骷髅头图片的、具备踏脚石性质的图片，无论如何看起来都不像骷髅头（事实上，我们已经通过奖励骷髅头相似度的实验证实了这个结论，这些以相似度为标准的实验，无一例外地遭遇了失败[37]）。这个方法的问题在于，我们要比较或评估的东西（骷髅头）看起来与通往骷髅头图片的踏脚石（月牙形、甜甜圈和盘子形状）完全不同。因此，当我们以一项存在根本性错误的方针为指导时，再多的准确性对我们都毫无用处，因为其结果不过是更好地评估了通往正确道路的干扰因素，而非真正的踏脚石。

除了图片孵化器网站上的骷髅头图片之外，正如我们在本书前面的章节中反复看到的那样，这是探索及发现的一个普遍属性，即通向伟大成就的踏脚石，与其最终的成就并不相似。就好像真空管长得不像计算机，扁形虫与人类也没有什么共同点。所有这些例子，一如既往地都可以归结为复杂的探索空间中的同一类欺骗性故事。

毫无疑问，确保整个国家的学生都接受过特别良好的教育，是一个比"繁育"骷髅头图片复杂得多的问题。同理，教育评估也不可能从精确度的日益提升中获益：评估只是衡量目前的表现与理想的表现相比有多好。就像骷髅头图片或本书第五章中走迷宫的机器人一样，无论评估精度如何，其结果都可能是迅速地转进一条平庸的死胡同。为此，我们可以得出一个有悖常理的结论，即在这类问题上，评估的准确性并不重要。虽然这听起来很奇怪，但如果你意识到，目标性本身有时会产生"适得其反"的效果，或许就可以理解这一结论了。在这种情况下，准确性当然不再具备实际的指导意义。

***

除了对精准测量的错误信任外，基于目标导向型思维给教育领域带来的另一个长期伤害，是对"一刀切"的统一标准的追求。其背后的逻辑是，无论身处何处，每个学生都应该有机会获得相同类型和同等质量的教育。其背后的驱动逻辑是确保教育的公平性，即生活在美国东北地区的学生，应该接受与生活在西部或南部的学生同等的教育。换句话说，各地的学校应该在教给学生什么样的知识上，遵循统一的标准。这样一来，无论住在哪里，所有的学生都能学到相同的知识，并且能在高中毕业后，为进入职场或下一阶段的高等教育做好同等的准备。

全国各地的学校以不同的方式执行同一个教育理念，可以定期对学生的表现进行统一评估。这样一来，我们就有了适用于不同地区的国家统一标准，以及许多具体的衡量标准，用以反映学生个人和他们的教师在其学业或职业生涯中的具体进展。因此，如果某个地区的学生接受的教育质量较差，或者某所学校的教师表现不佳，人们就很容易发现问题。这一举措背后的逻辑是，全国统一的评估，可以帮助确保教育平等，更清晰的横向比较也可以提高评估的严格程度。

推动全国教育统一标准的一个例子，就是美国"共同核心州立标准"（CCSS）。该标准由全美州长协会（包括其他机构）发起，与华盛顿成就公司（Achieve, Inc）合作制定。CCSS 的主要目标，是建立一套统一的国家教学标准，以及一套与之匹配的定期和统一的评估体系[74]。尽管仍存在争议，但美国绝大多数州已经采用了 CCSS，问责制、标准量化和统一性等方面均得以进一步强化。虽然这种统一性表面看起来可能是有益的，但隐藏在光鲜表象之下的，就是我们熟悉的目标神话的谬误。

事实上，CCSS 的一个明确功能是设定各种教育目标，正如 CCSS 网站上的常见问题板块表明的那样，"通过为学生的学习提供明确的目标，教育标准旨在帮助教师们确保学生拥有通向成功所需的技能和知识[74]。"当然，如果我们不能时常准确地衡量各项目标的进展来使之保持统一，以便于进行普遍性的横向比较，那目标又有什么用呢？出于这个原因，CCSS 也帮助"开发和实施共同的综合评估系统，用于每年衡量学生的表现，以取代各州现有的、不统一的测试系统[74]"。

尽管我们可以轻易地理解推动统一教育标准背后的良好意图，但在这一点上，我们也能看到，目标的误导性是如何破坏这件"美事"的。统一标准很像前文提及的准确性问题，它是评估和测量的一个好帮手，但却是教育领域"寻宝者"的劲敌。

一个彻底统一的教育系统，能从细枝末节之处确保每个学生拥有平等的经历，但其意义不大。学生们的课程、学业目标和测试都是一模一样的，这种"一刀切"的统一性，尽管可能通过增强的目标感和科学性给人带来安全感，但与提升孩子们的教育质量没有必然的联系。无论选择什么样的统一标准，都有可能带来好的或坏的结果。当然，制定一套劣质的统一标准，必然会让情况变得更糟。即使我们选择了最合适的统一标准，并且反映了当前最佳的教育实践，这些当前最佳实践也可能根植于目标的神话之中。

我们不妨这样推理，无论 CCSS 提议学校采用何种标准化测试程序，由此产生的简单统计数据，是否会指明通往世界顶级教育的道路？如果我们认为，通过标准化考试来衡量并促进教育进步是一项整体错误的指导方针，那为什么要专注于更"千篇一律"地应用这项错误方针的某个特定版本呢？这样做的唯一结果是，全国各地的学生都会被完全相同的误导性测量方法评估（即使测量方法十分准确，它也不会引领我们通往最终的目标），而各地的教育实践，即便采取了不同的形式，也会以实现相同的欺骗性目标为目标。因此，除非我们能够确信已经找到了正确的终极方案解决教育这个极其复杂的问题，否则汇聚到一起的尺度和目标，就好比是另一块失灵的指南针，只不过这一次，它被重新打上了"黄金标准"这一闪亮的标签，得到了所谓的官方认定。然而，与前文追求精准性的实践一样，追求教育的统一性，不过是目标欺骗性的又一案例。我们从中得出的教训是，一个存在误导性的测量工具，并不会因为变得更精准或被普遍采用，就能够实现完善或改进的结果。

然而，强加的教育统一性可能会造成更多不易察觉的"内伤"，因为除了没有任何内在的益处之外，统一性还会损害孩子们在未来探索和发现的能力。执行统一的标准意味着向一个单一的标准聚合，同时也消灭了个别学校或个别州目前可能正在探索的其他标准的多样性。因此，未来的标准和测试，可能只是对强制实施的现有标准的调整，因为这是教师们在课堂上可以应用和探索的唯一标准。

　　我们可以将教育标准领域这种缺乏多样性的探索，与本书第五章中描述的新奇性搜索算法联系起来。当单一的进度衡量标准，被统一应用于搜索能够通过图 5.2 所示的迷宫的机器人时，可能会迅速导致整个实验陷入一条欺骗性的死胡同。但是，如果实验鼓励创新，同时鼓励探索许多不同的成功可能性，其结果就是不断地发现新的解决方案。当然，回到教育领域，我们可能并不希望国家鼓励任何疯狂的新尝试。比如，实验一下在考试当天给学生发棒棒糖，是否能够提高美国高中毕业生学术能力水平考试（SAT）的分数等。但我们可以希望教育政策能够给予教师们更多的自主权，让教师们根据自身丰富的实践经验和本能，探索促进深度学习以及使学生加深对教材理解的方法。

　　本书第三章中图片孵化器网站上的骷髅头图片的演变，也反映了同样的逻辑。如果没有不同的用户遵循各自不同的喜好开展多样性探索，像骷髅头这样的图片或许根本不会被发现。如果"美国骷髅头培育部"，也能够允许不同的研究人员自主设计，并遵循自己的骷髅头相似度标准，也许最终获得成功的概率更大。更好的做法是，允许研究人员遵循个人对什么东西可能最终生成骷髅头图片的直觉，并以此去设计、实践、探索。

　　当然，这个见解并不意味着鼓励多样性可以解决追求实现任何特定类型的"高大上"目标的难题。因为这种说法，不过是从一个不同的角度，再度陷入目标欺骗性的陷阱而已。不过可以肯定的是，扼杀多样性必然会减缓探索和发现的进程。因此，我们可以发现，统一性可能和准确性一样，是一种毫无意义的理想标杆，尤其是在我们设定了教育优化等远大目标的情况下。

谈到教育，这是一个影响到全社会的问题，每个国家都在努力寻找行之有效的方法来"教化育人"。教育问题如此复杂，以至于人们几十年来都没有找到一种"一劳永逸"的解决方案。为此，我们必然要思考一个问题——非目标思维对教育意味着什么？到目前为止，本章就教育领域的论述，遵循的是一种熟悉的模式，即目标导向的方法成为目标欺骗性的牺牲品，使关于"如何取得进步"的传统设想变得岌岌可危。但我们同样熟悉的是，如果我们能够设法摆脱只考虑目标的做法，教育事业就能再次获得一线生机。有时也许应该允许广大教师和学校系统遵循其本能和直觉，哪怕他们在评估中的得分连年下跌。但是，随着"应试教育"的流行和"力争高分"等目标压力的增加，对这种"直觉"的依赖显然受到了压制，其结果是教师们大部分的自主权、直觉和创造力被剥夺，教师们对教学的热情和初心也被慢慢耗尽[60, 75]。

或许，我们最好将投入评估方面的精力转移至尝试不同的想法，而不要过分强调衡量标准的精确度。这将使教师们能够充分利用其多年来在与学生的互动中磨炼和积累的创造力和近乎直觉化的专业知识，让他们去自由地探索更有潜力的路径。就像在图片孵化器网站上一样，多样性探索产生的一些想法可能注定要失败，但另一些则可能带来有价值的发现，而整个体系（就教育而言，是整个社会）将会同时从不同的路径和尝试中受益。那些看起来有趣或有前途的方法，会成为通向成功的踏脚石，其他人可以在此基础上继续探索和发现。通过这个方法，整个社会就能成为教学方法的"寻宝者"。但是这种对不同可能性的有益探索，可能会受到当前僵化的、以目标为导向的主流文化的排斥，至少在美国会这样。（以芬兰的小学教育系统为例，它为芬兰的教师们提供了更大的个人自主权，并且不会要求学生参与标准化的测试[76]。在这个意义上，芬兰的教育系统，更多遵循了非目标的探索精神。所以，芬兰在教育方面也处于世界领先地位，远远超过了美国。[76]）

同样有趣的是，美国高等教育最近才开始接受与小学同样的"基于准确性评估的问责制"。在此之前，其长期以来一直被认为领先于全球水平。反观美国的小学教育，长期以来走的都是"目标性和统一性"的路子，其落后于全球水平的事实，也同样全球闻名。所以说，有时候过于强调目标，反而是非常危险的做法。

批判这种以目标为导向的追求，可能会造成一个令人沮丧的事实，即替代方案可能看起来模糊不清。但随着这本书的深入，我们现在已经非常熟悉这种不相信和怀疑自己的时刻。在审视伟大的事业追求与失灵的目标指南针相互博弈的过程中，我们经常会遭遇此类自我怀疑的时刻。最终我们会到达某个临界状态，即"船到桥头自然直"，意识到不存在明显可替代现状的方案。这种持续的质疑和挑战，是一个有趣的过程，但突然之间，我们又开始渴望熟悉的目标思维，因为它可以带来舒适感和安全感。问题在于，一旦我们发现了目标导向型思维存在的根本缺陷，就会有一种"突然跻身于一个充满不确定性的世界"的感觉，并失去了习以为常的方向感。所以，对于大多数人而言，追逐更好的目标成绩、评估的准确性和统一的标准，至少能够为改善教育提供一些方向，哪怕这些都是有缺陷的做法。

但只要正视一个简单的事实，就可以再次让我们克服迷失方向的恐惧感。我们不需要通过设置目标来实现伟大的事业；不需要追求最佳的表现或完美的准确性，也能够寻得惊人的发现。就像我们在本书第五章中舍目标而取新奇性那样，放弃目标也并不意味着我们没有任何原则。我们只是开始运用不同的原则，以期更好地反映发现和探索的真正运作方式。

要记住的关键原则是，替代目标欺骗性原则的是"寻宝者原则"，而寻宝者要做的事就是收集踏脚石。因此，当我们投身于像教育这样牵涉到整个社会发展的伟大事业时，如果我们作为社会的一分子，能够帮助彼此探索通往新理念的不同踏脚石，就可能会取得良好的进展。事实上，与其采用不同的评估标准，不如将教学组织成一场致力于寻找最佳的教育方法的"大型寻宝活动"。

那么，我们到底应该怎么做呢？我们也许需要让大多数教师和学校停止对学生进行标准化测试。取而代之的是，每位教师都要在年底编制一套包含作业、测试、教学大纲、教学理念、教学方法和学生作品样本在内的合集。这套合集将被匿名寄给一个评审小组进行评估，小组成员是来自全国各地不同学校的五位教师。评委会从课程完整性、创新性和学生表现等几个方面对教师同行的工作进行评估，评估的结果由评分和书面评语构成。评估完成后，提交合集的教师会收到五份匿名评估。如果经不同衡量标准评判过后的平均得分低于及格线，那么只有在这种情况下，该教师教授的学生，才有可能需要在下一年参加标准化考试，以确保其学业表现不至于太过差劲。如果评分都合格，那么评估结果就是科学的结论。尽管在批判标准化测试这种评估手段之后，立即提倡另一种形式的评估看起来很奇怪，但我们批判的并非评估本身，而是当下流行的特殊评估方式（统一的标准化测试），即与追求远大的教育目标相捆绑的"一刀切"评估。

从避免目标欺骗性的角度来看，这种同行驱动型评估方法的吸引力在于，教师和学校比较的对象或标准，不再是"我们希望他们可以达到某种水平和高度（这就陷入了目标的欺骗性陷阱）"，而是根据"他们的现状进行评估（这是寻宝者的哲学）"。最重要的是，如此一来，整个教育系统就好比是一位寻宝者，因为它将完全专注于四处传播新的教育理念。教师们也不会被迫趋向于采用沉闷又刻板的应试教育方法，而是能不断地接触各种各样的教学想法和方法。之所以会出现这种改善，是因为教师们每年都要参与不同小组的评审，收到其他人给自己的评价和反馈。因此，教师将不断地看到其他教师的教学方法及其成果，并推敲背后的原理。这样一来，他们自己可以在下个学年的教学中，尝试自己上一学年了解到的最佳教学方法和实践，并可以在这些方法的基础上进一步探索和拓展——这就意味着他们跳到了下一块踏脚石。寻宝者获得了探索的自由，且教育质量依然有保障，教师们可以充分释放创造的潜力，而孩子们花在准备无休止的标准化考试上的时间也会减少。

要解决教育领域的复杂问题，没有一蹴而就的简单答案，我们也不会假装能够提供任何类似于"解决方案"的东西。本章的重点是要说明，类似教育这样牵一发而动全身的重大事业，如何犯下本书第五章中，导致机器人走进死胡同那样的错误，以及寻求某种可替代的解决方案仍是有希望的。也许并不存在一种目标导向型教育方法，可以教给每个人我们希望他们能拥有的每一种技能。承认这一点虽然会令人不快，但这其实与指出其他领域内任何"高大上"目标的欺骗性事实并无不同。从长远来看，伟大的事业之所以能够达成，并不是因为设定了目标，而恰恰是因为没有既定的目标。对于那些希望通过强制性标准推动进步的人而言，这是一个令人失望的结论；但对于其他人来说，这可能是一种启迪。在下一章，我们将继续秉持这种解放思想的精神，研究在追求创新的过程中目标所产生的破坏性。

第八章

解开禁锢创新的枷锁

我告诉你：你必须接受自己内心的躁动不安与彷徨无措，因为它会使你成为一颗闪亮夺目的星。

——弗里德里希·尼采（Friedrich Nietzsche）

1519 年 8 月，麦哲伦率领一支由五艘船和 200 多人组成的船队，从西班牙起航，寻找一条通往盛产珍贵香料岛屿的海上路线。三年后，18 名没被饿死的幸存水手驾驶仅剩的一艘船抵达了目的地，他们本可以借此宣称自己是首批环游世界的人，但尴尬的是，由于剩余货物太少，收益不足，他们甚至没有拿到全额的报酬。而且麦哲伦本人并不在幸存者之中，他插手菲律宾当地的部落冲突，在带领部分船员突袭宿务岛附近的岛屿时，手臂被竹制标枪刺中，之后在仓皇撤退过程中被追上来的岛民杀死了[77]。十年后的 1528 年，乔瓦尼·达·韦拉扎诺①（Giovanni da Verrazzano）遭遇了更可怕的结局。尽管历史记录显示，他是第一位驶入纽约港的欧洲探险家，但他成名的代价极其高昂——他在探索小安的列斯群岛的一个岛屿时，被当地人杀害，而且很可能葬身食人族之口[78]。当然，身负开拓精神的探险家面临性命攸关的风险，并不是 16 世纪独有的现象。几百年后，罗伯特·福尔肯·斯

---

① 乔瓦尼·达·韦拉扎诺（1485—1528），意大利探险家，他是自公元 11 世纪挪威人移民北美以来第一位造访北美大西洋沿岸南卡罗来纳至纽芬兰岛段的欧洲探险家，其中，他在 1524 年发现了北美东岸的重要海港纽约港和纳拉甘西特湾。——译者注

科特①（Robert Falcon Scott）和他的手下，差一步就能成为到达南极的第一批探险家，然而他们在返回文明世界的途中耗尽了食物，最后不幸被冻死[79]。

早期探险家波澜壮阔的故事令人着迷，化外之地的原始危险和未开发的潜力令人心驰神往，在好奇心和追逐财富与荣耀这一目标的驱使下，昔日无畏的探险家们与未知世界展开了激烈的交锋，许多人在此过程中失去了生命。但是，那些深入未知世界，并活着回来的人也扩大了人类知识的视野。如今，随着现代化的全地形车、直升机和卫星的出现，世界上几乎每一寸土地，都已经得到充分探索，被分门别类地整理编目并绘成了精确的地图。但在地理学之外，仍有一些重要的未知领域，即那些思想空间中的未知之地，仍在等待那些愿意探索的人。而人类创新带来的益处，可能会远超昔日的物质财富或荣耀。事实上，新的思想和技术，同样具备完全重塑人类世界和社会的能力。继本书第七章对教育系统的探讨之后，本章将深入剖析对目标的盲目崇拜如何影响我们对创新的追求，包括科学、商业和艺术等诸多领域。

考虑到科学领域的进步在人类文化中的突出贡献，我们首先从科学领域的创新入手。为了说明科学创新的重要性，我们不妨简要地回顾一下历史。有时候，我们会忘了世界是如何在科学进步的推动下快速发展和变化的。乔治·华盛顿

---

① 罗伯特·福尔肯·斯科特（1868—1912），英国海军军官和极地探险家，他曾带领两支探险队前往南极地区。——译者注

说过的一句话，曾揭示了一个在现代人看来略显滑稽的窘境，"今年，我们还没有收到本杰明·富兰克林从巴黎发来的消息。我们应该给他写一封信[80]。"18 世纪的生活，与现代的生活方式之间有着天壤之别，尽管两者之间有 300 年的间隔，但放在长达 4 万年的人类历史中，这也不过是眨眼的一瞬。援引一个距离现代更近的例子，本书的作者之一乔尔回忆起祖母讲述祖父如何追求她的故事，他记得祖母曾说："第二次世界大战结束后的两年里，你爷爷一直在巴拉圭从事救济工作，帮助当地人建造卫生设施。我们基本靠写信联络——其中大部分是手写的——他给我写的信，往往需要两周时间才能送到我手中。"仅仅两代人之后，我们就可以通过互联网进行跨洲实时视频聊天（而且是免费的！）。我们不得不感叹，科学的进步彻底改变了人们日常生活的方方面面，蕴含了无限可能性！这种进步需要归功于现代的探险家们，他们一生都在探索科学的未知领域。

当然，科学领域的探险家们，在实验室里工作或在笔记本电脑上计算数据的故事，不会像地理探险那样，成为惊心动魄的动作电影的灵感来源；他们的经历，或许也不会像勇闯风暴席卷的大海那般，唤起人们的浪漫主义和奇迹感。不过，尽管这些科学家们无需承担丧生食人族之口的风险，在实验失败时也不会遭遇冻饿而死的结局，但他们发现的真理同样具备了颠覆整个世界的潜力。比如一种能治愈癌症的普世方法，会对社会产生多大的影响？实现核聚变发电，让每个人都能享受到廉价的能源又将是何等成就？因此，伴随着巨大的潜力、广阔的前景和高风险性，人类的创新活动也如我们前文所讲的种种情形一样，也被目标神话所迷惑，或许并不足为奇。

我们都是科学进步的既得利益者。科技的进步"缩小"了世界各地的距离，使我们的生活变得更便捷，并治愈了曾经致命的疾病。因此，如果科学的进步因我们对目标的痴迷而放慢脚步，就会损害所有人的利益。但是，要了解目标对科学进步可能产生的影响，就得了解科学在实践中是如何运作的。科学进步最基本的驱动力，来自科学家们的实验，但这样的实验往往成本很高。因此，资金往往成为限制科学发展的因素——尤其是考虑到知识的进步并不总是能够在短期内带来回报这个事实，这就意味着，寻求新探索和新发现的科学家们，首先要为实验的项目筹募资金。事实证明，对某项科学实验提供资金支持的决定，往往受到目标导向思维的严重影响。

并且，科研经费的问题，与上一章的主题——教育——截然不同，基于目标的思维在科学领域的体现和影响方式便也截然不同。科学和教育之间的一个显著区别是，人们永远都不会对一所彻底失败的学校感到高兴，但在科学领域，个别项目的彻底失败是司空见惯的现象。尽管科学领域的个别失败频繁可见，但整体而言，我们仍期望通过科学实验尽可能地扩展人类的科学知识。问题的关键在于，拟开展的科学项目太多，而可用资金有限，这就意味着每一次投资的风险和回报，必须仔细考查和衡量。这就是为什么我们需要考虑应该根据什么原则来决定哪些科学项目可以得到资助。这是一个至关重要的问题，因为错误的投资决定可能会阻碍科学的进步和发展，并可能带来潜在的社会影响。

从长远来看，我们很容易看出科学领域目标欺骗性的影响体现在何处。直观地说，如果科学项目的研究者，在资金申请书中列出了明确的目标，并清晰地陈述在完成项目时将会获得哪些宏伟的发现，那么投资这些科学项目会显得更加明智。但我们从图片孵化器网站中得到的教训是，最有趣的发现往往是无法提前预测的，所以我们有理由相信，正如教育领域一样，非目标（发散）性思维，也可能揭示出当前科学项目投资方式存在的根本性问题。需要再次强调的是，推动科学的发展是一个有趣的例子。与教育领域不同的是，科学领域是推动新探索和新发现不可或缺的一个领域，并且其中个别的失败不会带来很高的风险。整体而言，科学探索的活动，应该特别适合非目标性探索。但我们还是会看到，即使在偶然的失败可接受的情况下，科学领域的活动仍经常受到目标欺骗性的束缚。

***

包括美国在内的许多国家，其大多数科研项目都由政府资助机构的拨款提供资金支持。这种官方的资助，对推动基础科学的发展至关重要，因为它们支持的是尚不具备商业可行性的科学研究。当然，很多得到资助的科学研究都会失败，因为突破性的想法往往也隐藏着极高的失败风险。因此，虽然最终会有一部分获得资助的科研项目取得成功，但是更多的项目会遭遇失败。这就意味着，类似美国国家科学基金会（NSF）[81] 和欧洲科学基金会（ESF）[82] 等科研资助机构在做出投资决策时，需要承担一定的风险才有希望推动最具创新性的想法实现。那么，研究科研项目资助机构如何做出资助的决策就很有意思了，因为我们可能会再次面临目标的欺骗性和束缚性问题。

科研项目申请经费的大致流程是：科学家们向资助机构提交申请，并提供阐释了科研想法的提案；提案随即被送到一个由专家同行评审员组成的评审小组，这些评审员通常是提案所涉领域，如生物学或计算机科学领域的资深科学家；评审专家随后给出评级，包括从差到优的不同等级。一般来说，获得最高平均评级的提案，最有可能获得资助。

乍看之下，这是一个十分合理的筛选过程。理想情况下，某个领域中最优秀的想法，就应该能够说服一个由专业科学家组成的小组，并将其评定为优秀。然而，这种表面合理的常识背后，同样隐藏着麻烦，因为这个评审体系的主要作用是支持共识。换句话说，评审员群体越是认同提案的优秀性，机构提供资助的概率就越大。然而问题在于，共识往往是通往成功的踏脚石的最大障碍。

例如，在图片孵化器网站的案例中，网站之所以能发现这么多图片，是因为其用户对哪些图片更好并没有达成共识。图片孵化器网站之所以能作为一个踏脚石收集器发挥作用，是因为每位用户都可以选择走各自喜欢的"阳关道"或"独木桥"，即使其他人不同意或根本不会选择这个路径。但是，正因为不需要达成共识，图片孵化器网站的用户才可以留下个人认为有趣的任何踏脚石，而后来的其他访问者便可以在此基础上，探索新的可能性。想象一下，如果图片孵化器网站是由一个"专家"小组投票决定下一张照片应该是什么，那么几乎所有通向新奇图片的可用路径都会被封死。

这里的问题在于，当具有相反或不同偏好的人被迫投票时，获胜者往往不代表任何人的喜好或理想（这也许解释了为何人们对政治结果普遍感到沮丧）。寻求共识将阻止人们沿着有趣的踏脚石前进，因为不同的人对什么是最有趣的踏脚石的看法或许并不一致。解决不同人群在喜好上的分歧，往往会导致相互对立的踏脚石之间彼此妥协，就好像将对比鲜明的黑白两色混合到一起，最终只会产生了寡淡的灰色。这种妥协的产物，最终往往只会冲淡两个原始理念的色彩。对于撰写提案的科学家来说，赢得资助的最佳方式是提出完美的妥协方案，即最柔和的灰色——足以满足所有人的眼光，但不太可能带来高度的新奇性或趣味性。因此，当人们尝试在探索中寻求共识时，其结果只能是"清汤寡水，无甚滋味"。整个系统不是让每个人去发现自己的踏脚石链，而是将各种不同的意见压缩成一个四平八稳的平均值。

也许有时候支持最大限度的分歧，而不是一致的意见，会更有意义。反对共识有可能比平淡无奇的"达成一致"更有趣。毕竟，吸引一致认同的投票，不过是一种"人云亦云，亦步亦趋"的标志。如果你跟风去做热门的研究，并且鹦鹉学舌似的随大流，或许能够得到广泛的认可和支持；相反，一个真正有趣的想法，或许会引发争议。在我们目前已知和未知的边界，仍存在一些尚不确定答案的问题，这就是为什么在科学的未知领域，专家们的意见应该保持分歧和发散状态，正是在这片位于已知和未知之间的"蛮荒"边界地带，我们应该让人类最伟大的头脑进行探索，而不是在最大共识的舒适区"沉迷享乐"。试想一下，哪个项目可能更具有革命性：是评分"喜忧参半"的项目，还是"全体好评"的项目？意见分歧的专家们，或许比总是达成一致意见的专家们更有推动伟大成就的能力。

当然，这并不意味着全员差评的提案应该得到资助，如果所有专家都认为某个想法很糟糕，比如都给出了"差"的评级，那便没有证据表明它值得追求。但是，当专家们彼此之间存在根本性的意见分歧时，一些有趣的事情就发生了。达尔文的进化论最初发表时遭到许多专家的否定[83]——这其实是一个好兆头！正如美国科学史家托马斯·库恩（Thomas Kuhn）提出的范式转变概念，使得现有的科学框架开始出现裂痕。在这些时刻，不和谐的意见便是革命性颠覆的前奏[84]。由于所有这些原因，我们的一些资源应该被用于奖励分歧而不是共识。

这个观点也与目标产生了联系，因为奖励共识的基础是目标导向思维。在目标导向的观点中，专家们越认同某一条路径值得一走，人们就越应该选择这条路径。得到一致认同的路径是一个基于目标的选择，因为人们都认同了这条路径的目的地。而专家们给出一致意见的数量，提供了一个衡量最佳目的地的标准——这就是一种基于目标的证据。

如果你的目标，就是寻求一个趋于获得普遍认同的想法，那么共识当然是一个值得称赞的盟友。这就是为什么在目标驱动的搜索中，重点总是放在最终的目的地，而不是放在当前踏脚石的趣味性和新奇性。这就让基于目标的搜索不可能成为"寻宝者"。非目标搜索不鼓励人们最终走上同一条路或抵达同一个目的地，只有在这种情况下，有趣的想法才能吸引资源和资金。

到此不妨回想一下，追随趣味性与追随目标表现之间的搜索行为差异。科学是人类最伟大的一种探索，而在决定下一步行动前达成共识的做法，无异于是对科学领域创造性努力的扼杀。当然，我们并不是建议只有存在分歧的科学提案才应该得到资助，但社会的部分资源的确应该用于支持有趣的探索。科学领域的探索，同样需要秉持"寻宝者"和"踏脚石收集者"的理念。

当然，达成共识对特定类型的决策而言是有意义的，但对于创造性的探索却不适用。因此，盲目追求共识并不仅仅局限于科学探索领域。回顾上文，在本书第五章论述的图片孵化器网站上，每位用户都有机会追求一条独特的路径，而不受其他用户的干扰。即使后来的用户可能以老用户的成果为起点继续探索，但在整个过程中，用户们没有达成过任何共识，他们的探索和发现也无需依赖所谓的共识。因此，有时候通往创造性想法的最佳路径，就是遵循个人喜好，而无需任何共识和目标。后来者可以在前人的基础上做进一步扩展，继而使整个创造性探索的链条无限延伸。

当然，这并不意味着人类不擅长合作。相反，图片孵化器网站上的用户们，可以说是一支自发组成的优秀团队。与一般的团队合作方式不同，他们的合作是在一条条独立的探索链中各显神通，并取得了很好的成果。但这并不意味着所有的科学家都应该孤军奋战，相反，我们提出的观点是，研究小组之间以及整个科学探索领域内部的"不团结"，有时候反而可以推动进步。这样一来，"不团结"的力量，可以帮助我们更好地组织科学探索和其他创造性的工作。

***

除了推动人们达成共识之外，基于目标的思维还可能从其他方面影响科研投资的决策。例如，假设你是目标论的信徒，可能会认为科学进步的框架是可预测的。换句话说，根据"有志者，事竟成"的目标性思维，通往重大发现的踏脚石，将以一种有序、可预测的方式排列。在这种思维导向下，治愈癌症的关键创新，似乎应该是对已经存在的癌症治疗方法的改进或完善，或至少应该来自与癌症直接相关的研究领域。然而，在本书中，我们一次又一次地看到，通向卓越成果的踏脚石是不可预测的。因此，如果我们想要治愈癌症，只专注于癌症领域可能无法使我们实现这个宏伟目标。但是，即使一项研究未能实现其原始目标，其副产品也可能会在看似不相关的领域实现意外的突破性发现。

事实上，各国政府已经投入巨额研究资金，开展了众多诸如此类的重点研究项目，以期解决某些特定的科学问题。例如，日本通商产业省在 1982 年启动了一个长达 10 年的大规模研究项目，即"第五代计算机系统项目[85]"，旨在推动日本的计算机技术跻身世界领先地位。虽然日本政府投入了大量资金用于定向研发，但人们普遍认为这个项目没有实现其目标——开发出具备商业成功潜力的产品，尽管这个项目的确为日本培养了新一代有潜力的日本计算机研究人员。同样，美国总统尼克松于 1971 年发起的"抗癌战争"（旨在消灭癌症这一高死亡率的疾病）也尚未取得成功，尽管这个项目在研发更有效的癌症治疗方法方面进行了针对性研究，并加深了人们对肿瘤生物学的理解。事实上，类似人类基因组计划等看似不相关的科学研究项目，更有希望发现更好的癌症治疗方法。

当然，有时雄心勃勃的科学探索计划也能获得成功，比如 20 世纪 60 年代的美苏登月竞赛就是由肯尼迪总统发起的，他在国会演讲中承诺，"我相信这个国家能够齐聚一心，全力以赴达成这个目标，十年之后，人类将乘坐宇宙飞船登陆月球并且安全返回[86]。"但这份充满不确定性的宣言后来之所以能够实现，是因为它当时正好处于技术可能性的边缘（也就是说，这个宏伟的目标彼时离实现只有一步之遥）。于航天飞机之前出现，并促使航天飞机的问世成为可能的一连串发明，并不是太空计划本身的目标，但航天飞机的发明必须依赖于它们的出现。假如登月目标在 19 世纪 60 年代提出，则必然会以失败告终。

然而，从这些成功案例中得出的关于目标力量的潜在误导性结论，往往助长了天真的目标乐观主义——认为只要有足够的资源支持，任何目标都可以在历史上任何时期坚定地成立并一定能够实现。例如，美国癌症协会的一位前任主席曾经说过："我们离治愈癌症的目标已经非常近了，只是缺少将人送上月球的那种意愿、资金和全面规划[87]。"最后，即使在这些宏伟的科学事业的成功案例中，最终给人类社会带来最深远影响的技术，往往是未曾预料到的。例如，太空竞赛给我们带来了人工耳蜗、记忆海绵床垫、冻干食品和改进后的急救毯等创新产品。

尽管这些设定了宏伟目标的科研项目显然由目标思维驱动，但它们依然为我们提供了一些更为微妙的启示。一个类似的思路是，科学项目如何影响世界同样存在着可预测的框架。也就是说，我们也许能持续地靠投资来不断优化那些目前看起来最有可能产生影响的科研项目，最终会催生出一些具备突破性影响的科研项目。背后的逻辑是，具有适度影响力的科研项目将带来更多更具影响力的科研项目，最终使科学的探索和发现给世界带来颠覆性变革。

按照这个逻辑，目标驱动思维在科研资助领域的另一个体现，就是根据科研项目预期影响力的重要程度来判断是否值得投资。事实上，类似美国国家科学基金会等资助机构评估科研经费申请的一个主要标准是拟议研究项目的影响力范围。因此，被认为影响潜力较小的科研项目，获得资金的可能性也低。而政客们倾向于嘲笑那些目标看似异想天开的科研项目，即显然不会带来任何重要成果的研究，认为它们纯粹就是浪费钱，这种态度的背后也体现了同样的逻辑。例如，美国参议员汤姆·科伯恩（Tom Coburn）在 2010 年的一份报告中，将一项实验称为"一群对科学上瘾的猴子[88]"，他在 2011 年的另一份报告中，则将另一项实验讽刺为"跑步机上的虾[89]"。美国参议员威廉·普罗克斯迈（William Proxmire）在 1975—1988 年期间，每月给科研项目颁发的"金羊毛"奖，也秉持了类似的逻辑，用于嘲弄在他看来显然浪费了政府经费的科研项目，获奖者包括一些有着哗众取宠主题的科学研究，如"螺旋蝇的性行为""素食主义的行为决定因素""驾驶员对大型卡车的态度[90]"，等等。

这些例子背后，存在一个非常具有诱惑性的推理过程，即在研究项目开展之前，我们有可能根据研究项目及其成果是否具备广泛的社会影响，而将其划分为重要或不重要的项目。读到此处，诸位或许已经能够看出，这种想法过于武断——因为许多重要的发现，都是偶然获得或意料之外的。因此，预测科研项目的影响，不一定总是行得通，反而会导致我们忽视偶然性的重要作用。此外，即使我们可以事先评估大多数科研项目，并以可靠的方式预测其影响力，然后只为其中最重要的项目提供资金，也并非明智之举。

问题的关键在于，用更适合评判整个系统的标准来评判单一的踏脚石，可能是短视的做法。归根结底，科学作为一个整体，其目标是发现具备深刻性和变革性的真理。但在这个过程中，任何特定的科研项目是否具有变革性，可能根本不重要。事实上，一个科研项目很有趣，并能够进一步生成更有趣或更意外的实验结果，或许比其自身具备重要性更值得关注。图片孵化器网站就是这样一个例子，它作为一个整体系统，最终生成了单个用户难以完成的外星人脸和汽车的图片。新奇搜索的案例也遵循了同样的逻辑，作为一种探索体系，它可能会发现一个可以穿越迷宫的机器人，但只有在机器人不会按照其穿越迷宫的能力划分等级的情况下，才最终实现了这样的结果。

为此，如果我们接受"科学探索中的踏脚石是不可预测的"这一观点——正如前文所述的图片孵化器网站、教育领域或任何其他复杂而伟大的人类事业那样，那么"重要性"在科学领域的探索中，可能也是一个暗含欺骗性的标准。一项具备一定重要性的科学成果，是否必然带来更接近变革性的突破？换句话说，在科学研究领域，重要性不过是另一块破损的目标指南针。因为通往最重要科学发现的踏脚石可能并不重要，而通往最具颠覆性技术的踏脚石也可能没有显示出任何变革性的迹象。

例如，许多纯数学的研究人员从未想过要去影响现实世界，他们最尖端的理论，往往被视为纯粹的智力成果，搁置多年而无人问津。著名数学家哈代（G. H. Hardy）曾将数学的实际应用称为"数学领域最枯燥和初级的部分[91]"，与纯数学的诗意（即追求真理而不考虑实际应用）形成了鲜明对比。然而，尽管纯数学家们在竭尽全力地保持数学的"纯理论性"，但这些看似"不实用"的理论成果，后来还是被证明支持了物理学的发展或促成实用的计算机算法的出现。虽然其初衷是服务于纯数学目的，但抽象代数的一个特殊分支——群论（group theory），却在化学[92]和物理学[93]中都得到了实际应用。深奥的数学还通过公钥密码学[94]的应用，为线上商务的安全性提供了支柱，前者主要依赖于单向函数的数学思想和计算复杂性理论——但其原始动机完全没有考虑到在线商务领域的应用。

在科学领域，决定是否支持重大项目，或根据预估的影响力判断项目是否值得投资的另一个思路，是将科学研究项目符合特定利益的程度作为投资的评判标准。在不涉及太多政治因素的情况下，这就意味着政府只希望资助它当时认为重要的研究议程，或能够为国家提供明确的短期利益的研究项目。

例如，根据美国众议员拉马尔·史密斯（Lamar Smith）在 2013 年提出的《高质量研究法案》（*High Quality Research Act*）中称，在决定资助任何科研项目之前，美国国家科学基金会的主席必须发表一份声明，证明该项目"（1）符合美国的国家根本利益，通过促进科学进步，推动国家健康、繁荣或福利，并确保国防安全；（2）具备最高的质量，具有突破性，能够回答或解决对整个社会而言最重要的问题；（3）与基金会或其他联邦科学机构正在资助的其他研究项目不重复[95]"。第二点规定背后的设想是，根据科研项目的重要性来判断其是否值得资助，是可能的或可取的，而第一点规定设想的是，科学研究只能沿着对国家有直接利益的方向狭义地展开，而不进行更广泛的搜索。

尽管这项法案在美国获得通过和执行的概率不大，但加拿大已经执行了类似的政策。2011 年，加拿大国家研究委员会（NRC）开始以牺牲基础研究为代价[96]，将科研资金转向经济发展领域。时任 NRC 主席约翰·麦克杜格尔（John McDougall）解释说，最终只有 20% 的总预算会用于"好奇心和探索性活动"等基础科研领域。到了 2013 年，NRC 宣布"向商业领域的研究敞开大门"，并将其资助重点集中到12 个"以行业为主题的切入点[97]"。委员会声称自己正在"重塑自身，以支持加拿大产业的发展……所有这些（举措）都是为了一个最终的目标：提供高质量的工作岗位、增加商业研发活动、获得更多商业化成果，以及构建一个繁荣且具备更高社会生产力的加拿大[97]"。这个明显的转变，意味着政府投资的重点偏离了"没有直接实用价值的基础科研"，而是狭隘地转向与国家目标一致的研究活动。最重要的是，这项转变本身没有牵涉政治因素，而是一个涉及各个领域的警告，即将目标导向型思维一厢情愿地应用于"目标高远"的科学研究，是一项危险行为。

当然，"只要大量地投入资金，就能可靠地产出特定重要研究领域的根本性突破"的想法非常具有吸引力，但狭隘地框定重点研究领域和宏大目标驱动的科研项目其实并不可取。因为，不管其基本设想是否足够吸引人，科学探索的结构其实并不是这样运作的。谁能确定下一个伟大的、可商业化的技术会从哪里来？所以症结是，无目标性的探索貌似让前景听起来很悲观，但它能使科学的世界变得更有趣。还有许多有趣又重要的发现等待我们去探索，但发掘它们需要持续不断的智慧投入和开放的心态，而不是简单的目标式蛮力。

因此，我们并不是说科学进步在总体上是不可能的，而是认为我们不知道什么才能催生重要的科学发现。就像"不团结"在科学领域具备惊人的重要价值那样，投资看似不具备重要性但显然十分有趣的科研实验，或许亦是明智之举。尽管这意味着我们可能需要先通过许多不相关的步骤，但追随兴趣行动而不是狭隘的野心，才可能会更好地揭示通往颠覆性科学发现和经济大幅增长的踏脚石。

你可能会一如既往地提出疑问：我们怎能如此自鸣得意而一味地推崇踏脚石的作用，却不知道它们通向何方？这种想法不过是目标思维的负隅顽抗。正如前文所述，我们有充分的理由相信"但行前路，无问西东"，此举实际上能够引导我们通往一个更加光明的未来。因此，"不知去往何处"恰恰是信息收集器的运行方式、寻宝者的探宝方式、收集踏脚石的方式、通往任何地方的正确道路，是通往未来的途径。"不知前路通往何方"，才是人类能创造伟大事物的原因。共识、可预测的重要性、与国家利益的一致性——这些都是目标思维的衍生物，只会导致我们在朝未知世界迈进的过程中，离我们想要的越来越远。

***

"不团结"或"不重要"具备一定价值的观点听起来很怪异，而目标驱动型系统表面上看起来则十分合理。例如，在评估科研项目是否值得资助时，另一个与目标相关的标准是，评审员会根据项目成功的可能性做出决定。换句话说，科研经费的申请，必须说明研究项目的目标，然后交给评审员评判。许多科研项目申请被拒绝，是因为评审员认为其设定的目标不切实际或不够明确。但是，考虑到目标在任何情况下都好比是一块失灵的指南针，也许不应该总是把成功的可能性作为评审的重点。我们想说的是，并非所有的科研项目都需要设置一个目标或一项研究假设。有一些科研项目哪怕仅仅从趣味性角度考虑，也同样值得一试。

我们甚至可以毫不犹豫地资助那些曾有过有趣发现记录的研究人员，就像麦克阿瑟奖[①]向极富创造性的人提供大笔资金那样。当然，麦克阿瑟基金会并不确定这些人的想法将引领他们走向何方，基金会的这种堪比"直接发放空白支票"的做法也可能会令你感到有失理性。毕竟，没人知道这些研究人员打算完成什么，也不知道他们希望如何完成，但科学研究的真正意义就在于去探索那些充满了未知和不确定性的地方。如果我们无法接受这个观点，那么所有不具备明确目标的"偶然发现"之路，可能从一开始就会被否决。然而，正如前文所述，太过"高大上"的目标几乎从来不会实现。因此，强迫研究人员在资金申请表中陈述目标，只能使他们提出一些平庸的目标，而这些目标也只是一块块踏脚石而已。一些读者可能会在这个论点中发现保罗·费耶阿本德（Paul Feyerabend）的影子。他认为，科学不能被提炼成任何一种基于目标的方法[98]。

人们之所以紧紧抓住目标不放，对风险的恐惧是一大主因。尽管一定程度的风险是探索和进步必须付出的代价，但

---

① 麦克阿瑟奖是由麦克阿瑟基金会颁发的一个奖项，是美国文化界的最高奖。——译者注

那些负责掏钱的人，通常不希望承担过高的风险，以免资源被简单地浪费在那些不切实际、异想天开的项目上。

但我们的恐惧并不能改变风险是科学探索不可分割的一部分的事实，因为科学探索就是要求我们在持续很长一段时间内跨越许多未知的踏脚石。因为我们希望走得更远，所以规避风险的目标思维将限制和约束我们的进步。相反，在商业投资等领域，人们希望获得更多的短期回报，在考虑创新型企业时，大多数投资者认识到唯一好的目标只能是眼前的踏脚石。为此，在商业领域投资一些有趣的想法，通常也是一个好主意，但向投资者展示此类想法时，就必须确保实现这些想法的踏脚石就在触手可及之处。所以我们必须在接触投资者之前定好创新方案。为了更好地理解这个观点，请你思考一下，下面这两家公司，哪一家更值得投资：

1. 全息电视制造商。丢掉你的高清数字电视和 3D 显示屏吧，本公司将发明百分百的沉浸式全息电视技术。你将能够在客厅里穿过梦幻般的森林。与目前的三维技术不同，全息技术将实现 360 度全景环绕，使你从不同角度都能对内容一览无余。整个电视行业将被颠覆，娱乐业将自此发生根本性变革。

2. 新一代电视制造商。本公司的计划是提升屏幕分辨率和图像质量，给消费者带来更好的观影体验和产品价值。显示技术的最新进展，使得本公司能够实现质量的进一步升级。

尽管第一家公司的目标听起来更具颠覆性，但很少有人会投资这项宏伟计划。避开这家全息电视公司的理由很多，但其中最重要的一个原因是，在某种程度上，我们都知道研发全息电视还需要挖掘很多踏脚石。一旦涉及个人的利益得失，就很少有人愿意将赌注押在太过远大的目标上，因为大多数人都有这样的直觉：仅仅设定一个"高大上"的目标，并不能保证其实现。就这家公司而言，目标的欺骗性太大了，这样的风险不值得承担。

但第二家公司的目标听起来要现实得多，因为它实际上离我们只有一步之遥。在投资领域，所谓现实的目标，往往正是那些距离我们只有一块踏脚石距离的目标。这一事实反映在大多数人的投资方式上——一份切实可行的商业计划，引导我们抵达下一块踏脚石。但这并不意味着商业不能创新，一个创新的商业理念，同样能发掘出我们之前并未意识到其存在的、就隐藏在四周的踏脚石。商业中的创新者，同样也在寻找有趣的东西，但要等到他们完全理解了这块意外的踏脚石之后，才能向投资者介绍。

例如，有多少人预测到电子消费产品的进步，会促成世界上第一辆可量产的全电动跑车——特斯拉 Roadster 的问世？然而，只要将数以千计的笔记本电脑锂电池集成在一起，就有可能创造出更轻、更强大的实用电动汽车[99]。没有什么发现比突然意识到我们离一些尚未实现的潜力只有一步之遥更令人惊喜了。那些曾经看似不可能实现的成就，通过之前尚未发现的联系，突然进入了可实现的范围。还有什么能比发现航空旅行突然使太空旅行成为可能，或者真空管使计算机成为可能更令人振奋的呢？逐步走进看似不可预见的死胡同，有时可以帮助我们收获巨大的回报。但反过来看，仅凭眼前的一条"羊肠小道"而妄图构建通向遥远未来的康庄大道，（对科学家或商人来说）也没有什么值得庆祝的。当然，功能全面的沉浸式全息电视听起来很不错，但要想现在就发明出来，那只能纯粹地期望运气足够好，因为通往它的踏脚石还尚未发现。最后，商人倾向于在筹措资金之前，确定附近的踏脚石是什么；而科学家最理想的情况则是根据一种预感，即附近可能存在一个有趣的踏脚石，然后以此为理由申请资金。在这两种情况下，设定一个遥远宏大的目标，都不是最好的选择，因为此类情形下的创新都来自意外的发现。

从长远来看，正是这些踏脚石的积累，才带来了最伟大的创新。当每一小步的发现，都是一个启示的时候，这个探索链条本身就不亚于一场革命。因此，虽然押注革命性的发现可能风险很高，但随着时间的推移，它终究会到来。但正如所有伟大发现的过程一样，革命性的发现，很少是通往它们的踏脚石所设定的目标。即使没有明确说明，投资者也早已认识到这一原则。简而言之，如果你想在有远见的人身上投资，就看看那些在附近的不确定性领域中徘徊和探索的人。

***

　　确实有一群创新者，已经在某种程度上看穿了目标的欺骗性。对于艺术家和设计师而言，一个想法背后的理念，往往比其目标（如果存在目标的话）更重要。艺术往往更关注创造性的探索，而不是为了满足一个特定的具体目标。随便询问一位艺术家，他就会告诉你，在艺术创作中，跟随灵感的曲折小径前进，比致力于画出下一幅《蒙娜丽莎》更好。

　　当然，当艺术和设计发生碰撞时，目标有时确实能够发挥作用。例如在建筑领域，屋顶必须能遮挡雨水，而地基必须坚实稳定。事实证明，这些类型的目标与自然进化中对生物体的限制存在着一个有趣的相似之处。自然界中的每一种生物，都必须活得足够长久，才能够生存和繁衍。但不同的生物，有着各种各样的方式来满足这一目标，其表现就是地球上丰富而庞大的物种多样性。从草本郁金香到大型乔木再到狼蛛，生命在其限制条件下，呈现出了丰富的创造性。因此，建筑中的防雨屋顶和稳定的地基更像是对创造力的限制，其本身并不是典型的目标。就像所有的生物都必须能繁殖一样，建筑也必须兼具功能性和安全性。在这些领域的创新，通常意味着在限制范围内，不断找到新的方法。但这些领域整体上的搜索，仍在向未知的空间推进（如果你对进化感兴趣，在本书结尾处的第一个案例研究中，我们会更详细地讨论这个话题）。

回顾艺术和设计的历史，我们可以很容易找到充满戏剧性和偶然性的踏脚石链的案例。例如，在绘画方面，印象主义催生了表现主义，而表现主义又催生了超现实主义。但是，像 19 世纪 70 年代的印象派大师克劳德·莫奈（Claude Monet）根本就不会担忧如何在未来 50 年内引发一场超现实主义的艺术运动。尽管如此，印象派绘画中对光线的现实描述，还是让位于像亨利·马蒂斯（Henri Matisse）这样的表现主义画家，后者更强调绘画的色彩和情感表现。最终，随着表现主义绘画变得更加抽象，它带来了艺术领域另一个意想不到的财富——超现实主义，该流派最知名的代表人物非萨尔瓦多·达利（Salvador Dalí）[100] 莫属。这里并非意在回顾艺术史，而是为了证明，艺术中伟大的新方向，往往正是因为它们不是艺术家的目标而被发掘出来。

这条路上有一些探索步骤，是对历史步骤的否定，而另一些则是对步骤进行重新定义或修改。但重要的一点是，没有艺术家在一开始就试图预测未来的变化，从而确定或计划自己应该创造出怎样的杰作。不管可能带来什么结果，每一项艺术创新都有其自身的意义。与此同时，引领人们前往更新颖领域的潜力，往往是有效创新的标志。表现主义之所以引人入胜，并不只是因为独特的绘画风格，而是因为它同样创造了通往未来的可能性。

然而，尽管我们看到，这些原则在整个艺术演变发展的过程中普遍适用，但从个体的角度上，很多艺术家都对其一无所知。2011 年，本书的另一位作者肯访问了著名的罗德岛设计学院（RISD），在谈到"目标对创造力的危害"这一问题时，他惊讶地发现，许多年轻的艺术生不知道如何阐述他们最喜欢的艺术项目。一位学生喜欢用斧头敲打金属表面，然后将其扔在海滩上任由咸水浸泡生锈。这位学生表示，当人们问他为什么要这么做时，他总是不知道如何回答。当被要求解释艺术创作背后的目的时，即使是艺术家也会倍感压力。

在创作的目标这一问题的背后，隐藏着一个普遍的假设：必然存在一个目标，为人们从事特定的创作行为提供理由。令肯感到惊讶的是，许多艺术专业的学生告诉他，在听完他（关于本书的主题和理念）的讲座之后，他们在解释创作目标时遇到的麻烦，曾因为无法给出解释而产生的不安感和怀疑，都讲得通了——因为最伟大的探索，是没有目标的。他们不再需要解释，为什么自己要拿着斧头去凿砍金属并使其生锈，因为其结果是美丽和发人深省的。这种艺术品的价值，不能只看先前表面上的暴力行径和破坏金属面层的做法，还在于它在未来可能激发的全新的相关艺术形式。

如果连艺术家都承受着为其作品提供具体目标的压力，那我们其他人该怎么办呢？年轻的艺术生会在艺术探索的道路上犹豫不决，仅仅是因为他们不能讲清楚这条路会通向哪里，这也证明了目标思维在我们文化中的主导性力量是多么根深蒂固。正如本书第六章和第七章所显示的那样，在当前的主流文化中，认为进步主要依赖于严格的目标来推动的想法，影响了教育、科学、艺术等所有领域。我们组织大多数工作的方式，似乎无法摆脱目标思维带来的虚幻舒适感。

我们希望，迄今为止的所有论述，不会听起来像是在试图为所有重大的问题提供一个普遍适用的解决方案，这种想法太过天真和浮夸，不可当真。相反，我们只希望读者能够意识到，目标可能无处不在。它们已经渗透到生活的各个方面，从至关重要的社会倡议，到更为平凡的日常生活礼仪，甚至是关乎青少年成长的里程碑事件里，都可以发现其身影和影响。它们并不总是错的，即使是错的，取而代之也不是易事。但是，通过"解读目标如何塑造我们对世界的看法，及其潜在的影响力"这一问题，我们至少可以让诸位意识到，有时思考或对待生活的方式，并不只有一种。有些时候，通过放弃目标带来的虚假安全感，我们可以摆脱对停滞不前的方式的固守。在某些情况下，非目标驱动型发现和发散性探索的力量，确实可以帮助我们创造更好的未来。虽然非目标探索本身并不是一剂万能药，但我们最好还是要清醒地认识到，一味地相信基于目标的探索和评估，往往只会导致平庸的结果和墨守成规，继而停滞不前。虽然探索这个世界并非易事，因为它的运转方式并不简单，但至少我们知道，有一条道路能够摆脱既定目标结果的桎梏。

本书的最后几章将带我们体会摆脱目标欺骗性后的自由感觉。同样，我们在本书最后探讨的两个案例，也同样从非目标思维的视角，对自然进化和人工智能研究领域进行了研究。当然，我们不能说这些方法已经解决了人类面临的所有重大问题。我们的教育体系仍称不上完美；科研投资本身，也永远不会成为一个科学的过程；自然进化仍然存在有待解决的谜团；人工智能仍然是一个看似遥不可及的目标。但是，尽管这些挑战仍然存在，我们希望诸位读者和我们一样，对非目标思维如何改变我们对所有这些问题的看法感到兴奋。也许这种解放性的思维，可以帮助我们向前迈进，它可能正是我们需要的踏脚石。带着这样的希望，我们将从"如何接受目标缺失"的角度，结束本书主干内容的探索和讨论。

第九章
彻底告别对目标的幻想

想要成功，反而不要以成功为目标；只需要做你喜欢和相信的事情，成功就会自然而然地到来。

——大卫·弗罗斯特（David Frost）

到目前为止，我们已经在前述各个章节中提供了诸多证据，证明目标导向的思维，会阻碍许多具有重大意义的社会事业的成功。从教育下一代的方式，到科研项目的评选和资助，当我们过度强调目标时（似乎已经是常态），所有的努力和奋斗都将受到不利影响。通过考虑全新的、开放的、不以目标为重点的探索方法，我们在从教育领域到个性化汽车设计等一系列探索活动中，提出了全新的思路。想象一下，如果这些举足轻重的伟大事业，能就此摆脱目标的控制和束缚，我们可能会获得多么令人惊叹的成就。这个想法不仅有趣，还可能令人欢欣鼓舞。但是，你可能依然心存疑虑，不确定这种非目标的观点对个人而言意味着什么，不了解它将如何改变个人的生活方式。盲目信奉目标可能是一个错误，但有什么取而代之的方法吗？离经叛道地攻击长久以来被奉为圭臬的观点，其过程当然是有趣的；但要人们真正放弃早就习以为常的目标，也并非易事。

彻底放弃目标，这看起来是一个很难坚持到底的过程，因为没人愿意在这个世界上漫无目的地徘徊。没有了目标，我们似乎只剩下随波逐流或毫无意义的生活方式。在这种情况下，你可能会认为，彻底躺平和全力奋斗似乎也没什么区别，但这是对本书想要传递的更深层次含义的误读。每个人天生就有一种不可思议的本能，可以敏锐地嗅到可能存在的潜力，不管它将指向何方。这种人类独有的能力，不需要设定目标也能做到，这就是为什么将自己从目标的束缚中解放出来并不意味着放任自流地生活。恰恰相反，这会赋予生活新的意义。我们将在本章研究摆脱目标对所有人的真正意义，以此来完成本书被赋予的崇高使命。

在迈出至关重要的最后一步（彻底地摒弃目标）之前，我们要牢记，本书从头到尾讨论的对象，都是"高大上"的目标。每个心智正常的人，都不会建议彻底清除这世界上所有类型的目标。因此，许多目标驱动型工作，应该理所当然地持续进行，且本书并没有任何内容与之相矛盾：房屋仍应按照设计图建造；软件仍应按照既定规范设计；在你准备明天的晚餐时，继续按照食谱做也无妨。如果你设定了跑步锻炼的目标并坚持不辍，就能提高身体耐力，所有这些都是适度的目标，不是本书试图论证和辩驳的对象，因此也大可不必就此放弃。

当我们开始跳出舒适圈，即跳出我们早已熟悉的领域，以期获得伟大的成就、突破性发现、深刻的洞察力或颠覆性的创新时，就是抛弃传统的目标思维、改变自身行为方式的时刻。当我们试图追求根治疾病的方法、经久不衰的理论、令人炫目的结构、性能卓越的机器、震撼人心的旋律、史诗

般的故事、不受约束的创造力、跨越宇宙的旅行、国家层面
问题的解决方案、激情的释放、真正的幸福——所有这些领
域，就是目标的神秘力量不再产生作用的地方。当我们在这
些领域探寻、在地平线之外的地方追索、在阴影之中有踏脚
石静静隐藏的地方寻找时，这就是目标作为指南针开始失灵
的时刻。我们探索的脚步走得越远，目标的欺骗性就越明
显，它将阻碍人类发挥最强的潜力，而这也恰恰是改变探索
思路和方法的意义所在。

这听起来可能太过悲观了，但令人震惊的事实是，革命
性成果仍然是可能实现的。如果这本书传递给你的唯一信息
就是停止雄心勃勃的设想，那便与这本书的初衷完全背离，
因为人类显然不应该停止追梦的脚步。进化的确创造了人类
这种由无数复杂细胞组成的、不可思议的生物体，我们确实
也发明了许多人类祖先甚至不敢想象的东西，哪怕是图片孵
化器网站的用户，也发现了任何目标驱动型程序都不可能复
制的独特图片。与其成为悲观主义者，我们不如敞开心扉，
接受这样的发现到底是如何产生的事实，并想想我们可以做
些什么来持续地创造新的伟大发现。

最终的答案听起来自相矛盾——我们可以通过不刻意地
寻找来发现它们，但这并不意味着前期的所有努力都是无意
义的。相反，关键是要认识到，在开始寻找时没有刻意地设
定寻找的目标，并不意味着整个探寻过程就是盲目的。举个
例子，你在探索一条未知的河流时发现一件古代文物并非完

全偶然，你之所以能发现它，是因为你在探索，即使你事先并不确定这一次探索将带来什么发现。因此，你在探索时依然有可以遵循的原则，即使你没有设定任何值得遵循的特定目标。唯一要做的让步，就是我们无法确定探索最终会发现什么。换句话说，探索的目的地变得未知，我们必须放下对最终目的地的执念。

但事实证明，我们做出的让步算不上什么了不起的牺牲，因为我们出让的所谓控制权，只不过是徒有其表的假象。正如我们在前文中一次又一次看到的那样，尽管目标应该是有助于控制最终结果的工具，但在这些目标过于"高大上"的时候，它们提供的控制，不过是华而不实的幻觉。这些目标实际上更有可能成为骗人的工具，将我们的探索带进死胡同。因此，尽管我们可能自认为放弃了一些被神化的东西，但人们其实从来没有真正拥有过它。不管时间允许与否，没有哪个伟大的育种专家，能够有意地引导进化的方向，让单细胞生物朝着拥有数十亿神经元的人类大脑的方向进化；没有哪个石器时代的天才，能够凭空制造一台计算机；更没有哪个现代的科研大佬，能够造出一台时间机器。执着于这些"高大上"的目标，并不能帮助我们真正摆脱探索未知空间时面临的复杂性，因为它是一个极大的变数。通往未来道路上蜿蜒的踏脚石，也是我们人类无法预测的。我们最终取得的惊人成就，几乎总是建立在长期积累的诸多创新之上，而最终的结果，往往不是这些创新的既定目标。

如果你认清了这个事实，那么就能放下心中的这份执念。在追寻伟大发现或宏伟结果的过程中，根本不存在真正有用的指南针，也许这就是为什么那些确实取得了伟大成就的人，往往被披上了神秘的面纱，并获得人们发自内心的尊敬和崇拜。因此，我们至少应该赞同目标的指南针已不再可靠，如若不然，伟大的成就也不会那么容易成为神话。目标就类似我们脖子上挂着的好运符，即便丢了，也没必要太过耿耿于怀、念念不忘。

本着这种精神，我们可以满怀信心地拥抱没有目标的探索，因为的确也不存在其他选择。唯一需要考虑的是，在放弃相信我们可以控制目的地的信念之后，我们应该遵循什么原则，以及如何将其付诸实践？答案是成为寻宝者。在未知领域的广阔荒野中，有无数的宝藏深埋在没有任何标记的地方。所有这些宝藏都值得寻找，尽管它们可能都不是你特别想要的东西。但如果你足够幸运，找到了其中一处宝藏，那么还会有额外的奖励——一幅指向更多藏宝地的线索图。这就是踏脚石原则，即一个好的想法会带来另一个好的想法；一处宝藏会指向更多的宝藏，在可能发现的无限的踏脚石上，形成源源不断的连锁和分支。因此，你需要做的，就是成为一个熟练的寻宝者。

要做到这一点，你必须学会寻找线索。但是，这些线索并不会提示你目标就在附近，只是点明了附近有值得寻找的东西，就像空气中弥漫着神秘而甜蜜的香气那样。这种线索可能以多种不同形式呈现。例如，新奇性搜索算法认为，新奇是通往未来潜力的线索，即新的东西可以带来更新的东西。

这种策略在计算机的探索上取得了出奇的良好效果，因为新奇的行为实际上是通往更多新奇行为的最佳踏脚石。一台机器人不可能想出比撞墙更有趣的行为，除非它发现如何避开墙壁。所以，新奇的行为需要机器人在前进的道路上学习一些原则，比如什么是墙、什么是门。其结果是，寻找新奇行为的机器人在尝试更多行为时，变得更加复杂了。它们最终可以学会穿门而过、走出迷宫，尽管这从来不是它们的目标。重点是，新奇性搜索是寻宝者原理的典型案例——它在没有设定任何整体目标的情况下，就能推动新发现的诞生。

当然，人类不是计算机。与机器人不同，我们已经明白为什么撞墙并不能让我们走得更远。因此，我们可以将这种理解应用到行为中，而新奇性搜索则无法做到。换句话说，与机器人只渴求新奇而不渴求其他的行为相比，人类的追求更加灵活和复杂。当然，每个人都对新奇事物有着某种程度的好奇，这也无可厚非，但生活的意义远不止于此。这就是为什么当人类成为优秀的寻宝者时，我们喜欢将新奇事物与其他的东西混合起来。虽然不同的人可能会以不同的方式描述这种额外的成分（也许你也有自己的想法），但其中的一个共同线索，可能是趣味性。关于什么是有趣的东西，每个人的看法也不一定相同，但正如我们从图片孵化器网站上看到的那样，不同的人持有不同的意见，最终也将使整个社会受益。当然趣味性也意味着很多不同的东西，无论是对音乐或写作等事物的热爱，还是对探索世界的渴望。重要的是，趣味性的气息，可以引导我们每个人踏过自己的踏脚石链。就像新奇的事物一样，一件有趣的事情会牵引出另一件有趣的事情。它们将被引向何处，我们无法预测，但只要我们敢于循着这种气味去查探，有价值的东西早晚都会出现。

这并不是说趣味性和新奇性毫无关联，一些想法变得没有那么新奇之后，其趣味性也会降低。曾几何时，用一个装有四个轮子、可以自行前进的箱子来运送乘客的概念是很激进的；但如今，你在参加聚会时，再大谈特谈汽车的概念，就不太可能会引起人们的兴趣。同样，"无需马匹牵拉的车辆"也不再适合成为一部新科幻小说的最佳标题。那些曾经新奇的想法，很快就会变得熟悉和平凡。但是，趣味性仍然超越了新奇性。每个人对有趣事物的感觉，是其直觉、经验和知识三方因素经过微妙地调和后的产物。我们也许很难确切地解释，为什么一个特定的想法或选择会令我们感到有趣，但我们生而为人的独特经验，仍然是产生这种感觉的原因。迄今为止，依然没有任何计算机程序能够具备人类这种与生俱来的、对有趣性的本能感应。而我们的每一项有趣发现，都能在未来带来更多有意思的踏脚石。

因此，如果你想成为一名行事无须设置特定目标的寻宝者，那么就要遵循一种特殊的线索，即当某些东西让你感觉有趣时，寻宝的旅程就可以开启。这听起来很简单，但它背后蕴含了深刻的道理，它意味着你可以通过遵循个人对有趣事物的直觉来寻宝，不是因为你知道要去哪里，而是因为你觉得当前所在的地方有成为"洞天福地"的潜力。"这种寻宝方式是有意义的"，即使只是接受此观点，也已经足够重要。因为这个观点与我们今天从自身文化中获得的许多信息截然相反，这些信息只会告诉你，你需要一个目标才能获取任何有价值的东西。

回顾一下，我们曾多少次被他人要求，以"目标明确"为标准，来论证个人行为的合理性。如果你的老板或父母，认为你做出选择的理由"纯属"主观，那么你就需要提供一项非常有说服力的证据，才能摆脱这一指控。而一个人认为有趣的事情，很容易被他人认定为"主观的"喜好。我们有这么多的词汇来抨击这种选择的主观性，也凸显了否定趣味性是一件多么容易的事情，比如：它们是不科学、无原则、有偏见、情绪化，甚至是不理性或不负责任的。你不可能仅仅因为觉得自己的想法有趣，就能赢得老板的认可。

但你可以从本书中得到的一个颇具讽刺性的理解是，仅仅遵循这类直觉，往往可以比遵循目标更有原则，尤其是在追求伟大的发现或创新时。而且这个论点不仅仅是基于我们两位作者个人的感觉或喜好。如果我们只是简单地提出这个观点而不辅以实例，也许会被单纯地认为是在"闭门造车"，但我们现在已经看到了一整本书的例子，在这些案例中，忽视目标比遵循目标带来了更好的结果。当然，总会有例外情况，比如那些相对适度的目标，以及有时可能需要采取一定手段进行评估的目标。但我们想要强调的是，正是因为我们不知道"搜索空间"的结构，所以遵循趣味性的线索是合乎情理的做法。我们没有办法知道以后会出现什么新的发现或想法，它们都可能是通往任何地方的踏脚石。

当我们站在可能性的边界眺望未知的世界时，目标就成了一座名不副实的灯塔。但趣味性则不同，趣味为我们规划了一片道路网络，引导我们从一处藏宝地前往另一处。只有当我们停下来，欣赏当下的景色时，干草堆里的针，即藏在冥冥之中的"天意"——当前的踏脚石和它所通往之处附近的踏脚石，才会突然出现。

与主流观点相反的是，伟大的发明家并不会窥视遥远的未来。一个试图看透遥远未来的预言家可能名不副实，但一位真正的创新者，会搜寻附近可行的下一个踏脚石。成功的发明家会问的是，我们能够从这里走到哪里，而不是我们如何能够抵达遥远的那里。二者之间的区别或许看似微妙，但却十分深刻。成功者并没有将精力浪费在遥远而宏伟的愿景上，而是专注于当前可能发生的前沿事件。在历史上的任何特定时期，人类都拥有一套特定的能力和知识，这套体系包含了人类所有的科学、技术和艺术成就。通过将这套体系和能力中的某些部分结合起来，或以新的方式改变它们，就能于其中再增加一种新能力，从而使人类得到微小的进步。真正的创新者的贡献，是通过观察到此时此地的有趣之处，来迈出小小的一步。

在历史上，曾出现过一些微妙时刻，即人类的一种能力跨过了一条无形的界线，令人振奋的新可能性突然出现在了我们眼前，只有那些尤为敏锐和细心的人，才能注意到这种微妙的变化。例如，计算机程序员马库斯·泊松①（Markus "Notch" Persson）在 2009 年意识到，通过结合最近三款游戏的理念，就有可能开发一种新型的视频游戏。这三款游戏分别是：《矮人要塞》（Dwarf Fortress）、《过山车大亨》（Roller Coaster Tycoon）和《无尽矿工》（Infiniminer）。与几乎所有的现代游戏不同，马库斯开发的游戏《我的世界》不仅保真度低，游戏画面过时，也没有什么花哨的东西，内容也很少，还没有为玩家提供明确的游戏任务和目标。但是，在《我的世界》中，玩家可以在一个由无数方块和可重组资源构成的像素化大型开放世界中，自由地探索、建造和创造。几乎没人预料到这样一个奇怪的游戏会取得成功，更不会认为它能从根本上改变游戏行业的可能性。然而，马库斯看到了这个新颖且可实现的机会：将最新的游戏创意融合在一起，可以产生一类新的游戏，它很像儿童玩具乐高积木的互动数字版本 101。尽管算得上是耗资无数的大制作，但它没有遵循现代大型游戏的惯例进行大肆宣传推广。不过，这款游戏还是大受欢迎。数以百万计的玩家持续地制作和分享他

① 马库斯·泊松（1979—），别名 Notch，瑞典游戏程序师和设计师。他以创造沙盒游戏《我的世界》（Minecraft），以及于 2009 年创办电子游戏公司 Mojang 而闻名。——译者注

们在《我的世界》中创建的非凡艺术品，包括可以运行的数字计算机（可以运行简化版的《我的世界》！ [102]），还有迪斯尼乐园和斗兽场等地标的复杂复制品，这款游戏甚至还成为一个教育平台 [103]。更重要的是，在 2014 年，微软公司耗费 25 亿美元将这款游戏收入囊中。

同样，苹果公司在 2010 年首次发布 iPad 之前，从来没有类似的设备取得过商业上的成功，但在短短几个月内，其销售量就达到了数百万台。作为苹果公司的领导人，史蒂夫·乔布斯注意到，社会和技术都已经发展到了能使平板电脑的商业化成为可能的时候。他没有被过于宏伟的未来派科技愿景分散注意力，没有把精力投入建造耸人听闻的仿真机器人或接近人类智力水平的人工智能上。他完全可以这样做，但这不是他选择追求的目标。相反，他看到了当下唾手可得的宝藏就在离他一步之遥的踏脚石上，而他成了第一个迈出这一步的人。有趣的是，乔布斯自己也讲了一个伟大的故事，说明在不担心长期目标的情况下，追寻有趣性可能带来的价值。

如果我没有退学，如果我没有参加那个书法班，那么个人电脑可能就不会有现在这么好的排版。当然我在大学的时候，还不可能把从前的点点滴滴都串连起来，但十年后当我回顾这一切时，真的豁然开朗了 [104]。

　　与马库斯和苹果的成功相比，目标驱动的公司往往因为在几年或几十年内没有推出创新的产品而萎靡不振。我们在这里不指名道姓，但人工智能的商业化领域，的确充斥着不少雄心勃勃的公司，它们最后不得不降低自己的期望值。其中许多公司成立的愿景，便是研发出某种革命性的新型人工智能。这些公司遭遇的失败与苹果公司取得的成功之间的差异，也说明了一个道理：根据当前所处的位置，决定应该去哪里，往往比根据想要去哪里来决定前进的方向要更明智。所有人都有能力将现在转化为未来，但没有人可以将未来变成现在。

　　当然，这并不是说"高大上"的目标永远无法实现，有时候，在积累了足够多的想法和创新之后，那些曾经令人沮丧的旧目标，确实会突然之间进入可实现的范围。例如，在莱特兄弟发明飞机前的几个世纪，对我们人类而言，飞行就是一个看似无法实现的宏伟目标。然而，此类成功的故事很容易误导我们的思维，因为过去的尝试之所以失败，往往是因为它们均由目标驱动，而后来获得成功的真正原因则不然。在过去，甚至到了莱特兄弟的时代，那些追求"飞天梦"的人，其主要的驱动力来自统治天空这一鼓舞人心的愿景。有趣的是，塞缪尔·皮尔庞特·兰利①（Samuel Pierpont

---

① 塞缪尔·皮尔庞特·兰利（1834－1906），美国天文学家、物理学家，航空先驱，测热辐射计的发明者。自19世纪90年代，兰利在仔细研究了空气动力学原理后，试图从鸟类飞行中获得启发研制飞机，但是其制造的飞机模型在历次飞行试验中均以失败告终。兰利直至逝世也未能实现动力飞行的愿望。——译者注

Langley）——莱特兄弟的主要竞争对手，一度获得了大量的
政府资助来推动其飞行梦的实现，相比之下莱特兄弟的自筹
资金却十分微薄。但莱特兄弟有着与兰利完全不同的动机，
而这正是他们最终获得成功的重要因素。事实上，两兄弟原
本是自行车制造商，自行车就是通往飞行器的踏脚石。可以
说，莱特兄弟在他们所处的时代，听到并响应了未来的召
唤，而不是试图将一个先入为主的未来愿景，硬生生地套入
到现在的条件之中。因此，虽然数百年间，有无数的空想家
将飞行器视为目标，但他们最后都失败了。只有身为自行车
制造商的莱特兄弟，意识到飞行器就是空中的自行车之后，
飞行才真正成了可能[105]。这个故事讲述的道理是，一个宏伟
的目标并不会因目标性本身而得以实现。如果你相信"目标
会通往成功"这一点，就等于相信了目标"无所不能"。

放弃目标之所以困难，是因为这意味着放弃"存在正确
道路"的想法。人们喜欢将进步看成一系列项目，有些走岔
了路，有些则走对了路。如果这就是你的世界观，那么你自
然会捍卫在你看来正确的道路，并与那些看起来误入歧途的
人发生分歧。但奇怪的是，如果目的地本就不存在，那么所
谓的正确道路也不应该存在。

为此，我们不应该把成功的潜力作为每个项目是否值得
开展的评判标准，而是应该根据其催生其他项目的潜力来判
断其价值。如果我们真的像寻宝者和踏脚石收集器一样行
事，那么踏脚石唯一重要的功能，就是带来更多的踏脚石而

已。为此，一个无法自我扩展、无法做到"抛砖引玉"的踏脚石才是最糟糕的，无论当下站在上面的感觉有多好。作为寻宝者，我们的兴趣在于收集更多的踏脚石，而不是到达某个特定的目的地。我们找到的踏脚石越多，就有越多的机会前往潜力更大的地方。

以目标为导向的人，总是容易陷入批判主义，总是担心其他人最终会抵达何处。但如果每个人最终都能够抵达不同的地方，那对所有人而言，这可能是更好的结果。否则，每个人都要站在同一块踏脚石上，这就是为什么我们要提防"共识"二字的诱惑。当然，如果所有人的意愿，就是最终抵达同一个地方，那么推动共识的达成便是有意义的，但这应是我们最不希望看到的。保护分歧和容纳不一致的观点，是一种美德。当你选择的道路没有得到他人的认同，除了彼此最终抵达不同的地方之外，还有什么其他风险吗？

不可否认的是，有一些追求注定要比其他追求更成功，但这个世界太复杂、太多样化，没有人可以肯定地说，此时此刻的我们应该前往何处，这意味着生活充满了欺骗性。这就是为什么我们应该允许不同的人走不同的道路，让踏脚石引导每个人走向适合自己的路径，对整个社会而言也是有价值的。当然，不是每一块踏脚石都会轻而易举地带你通往下一块踏脚石，有些甚至会带你撞进死胡同。但相较之下，目标带来的可能性远远少于踏脚石，且每次只能指向一个特定的方向。

想象一下，如果图片孵化器网站上所有的用户都在寻找蝴蝶的图片，它将毫无疑问地缺乏多样性和可能性，不仅网站上几乎没有任何有趣的东西，而且最终可能无法培育出大家都想要的蝴蝶图片。所以我们要注意的是，不要以同样的错误思维来塑造我们的社会。

因此，如果你想知道如何摆脱对目标的盲目信奉，只需要随心行事、遵循个人兴趣的指引即可。不是所有的事情都需要以严谨的目标为指导。如果你对某件事有强烈的直觉，不妨顺应本心。如果你没有明确的目标，那也没必要患得患失，因为无论你最终走到哪里，结果都不会太坏。但基于评估的目标导向，能够起到的引领作用十分有限。一项成就的伟大性，体现在其能带来更多伟大成就的特质。如果你最初的工作是计算机编程，但现在从事了电影制作，那么你可能正在做正确的事情；如果你想创造人工智能，但现在正在"繁育"图片，你也可以说是在做正确的事情；如果你一开始想画画，但你现在在写诗，这也是正确的事情；如果你走的道路，与想象中的不同，你依旧是在做正确的事情。从长远来看，一块踏脚石会带来其他踏脚石，最终会通向伟大的发现之地。

正是这类由一块又一块踏脚石连接而成的创新链，才能把最伟大的成就变为可能。但要实现它们，我们反而要"欲擒故纵"，不要将其视为目标。此外，放手是很难的，但只要记住，在多年后的某一天，当正确的踏脚石铺好后，失去的目标仍可能回来。在那之前，我们可以跟随趣味性和新奇性的气味，或任何我们认为可能推动创新的伟大寻宝活动的现有线索，去放胆探索。当然，你不需要放弃生活中的每一个目标，但如果你想要实现伟大的目标——探索苍穹、穿越极限的地平线，那么在某些情况下，你的确需要放弃目标。

在当前主流文化中，我们很少遵循这样的道路，因为主流的哲学是将探索的行为束缚起来，使其受制于我们设定的目标。但证据表明，只有搜索成为一名"漫无目标"的寻宝者时，才能有望取得最好的效果。我们要避免目标的趋同性诱惑，继而释放出"多路出击"的寻宝者。即使有些人不走公众认为正确的道路，也不必急于阻拦，因为总有一天，他们会成为人类社会寻获伟大发现之路上的踏脚石。

当一切都说了做了，当梦想家都对陈旧的愿景感到厌倦时，当不求回报的期望的灰烬沉淀在不可逾越的未来之上时，只有一种理性的光芒可以穿透黑暗：为了实现我们的最至高无上的目标，我们首先必须心甘情愿地抛弃它们。

第十章
案例研究 1
重新诠释自然进化

核酸造就了人类，使我们即使在月球上也能繁衍生息。

——索尔·施皮格尔曼（Sol Spiegelman）

组成人体的每一个细胞都充满了生命的活力。线粒体作为"发电厂"，通过氧化糖类为细胞的生命活动提供能量；核糖体则是蛋白质"制造厂"，负责生产修复老化细胞膜或形成新细胞结构所需的蛋白质；溶酶体负责清理细胞器"工厂"产生的代谢废物；而细胞核作为"行政中枢"，通过DNA的构成来调控细胞活动。人类全身上下都由细胞构成，但我们往往对这一事实并不在意。

人类身体里的每个细胞，都是一套极其精密的微型机器——每个细胞本身，堪比一座迷你城市。令人惊奇的是，人类个体的存在，都得归功于五十万亿个细胞的团结一致和协调运转。光从数字上看，人类体内的细胞数量几乎是世界人口的一万倍。如果这还不能令你吃惊的话，现代科学还证明，正是"毫无章法的"自然进化，创造并组织起了这个庞大的细胞集团，从而成就了现在的我们。

除此之外，自然进化设计了这个星球上的每一种有机生物。地球上所有生命体都在同一棵不断延展的进化树上相互关联。从加利福尼亚州北部一株名为"亥伯龙神"（Hyperion）的海岸红杉（树龄700多岁，高115.92米），到印度尼西亚水域中的射水鱼（能在 9 英尺，即 2.74 米外喷出水流击落昆虫），所有生物都是人类的亲戚，虽然只能说是有十亿分之一"共同基因"的表亲，但每种生物都源出一脉：地球上第一个可自我复制的细胞。

通常，在试图学习某样东西时，只有理解了其运行原理，所学才算是落到了实处，基础部件和深层原理之间的联系，也因此而变得更加清晰明朗。自行车运作的原理，是踏板带动链条，链条带动轮子，车子才能向前走。不懂这个原理，你把自行车撂在一旁，放上一百万年，也只能收获一堆生锈的废铁。

我们所知的大多数事物，都因原理简单而略显无趣，因为"死物"无法自主衍生新产品。但生物进化是独特的，因其能不断地推陈出新，就像一台永动机。不同于自行车这类"死物"，如果你把"生命进化"搁在那儿一百万年，它完全可以自行衍化出一整套全新的生态系统。你对进化研究得越多，就越觉得它不可思议。像人类大脑这般复杂的器官，怎会仅通过一个看似机械的过程，就能创造出来呢？正是这种怀疑论的存在，推动了智能设计运动的发展。

这些怀疑论者认为，正如每一块工艺精湛的瑞士手表背后都有一位才华横溢的制表师，地球上形形色色的复杂生命体背后肯定也存在着一位天赋异禀、聪慧异常的"造物主"。但达尔文的一项重要发现，推翻了这种观点。最终，一台微有瑕疵的自我复制机器，就能够展现出智能设计的"表象"。

想象一下，你有一台能够自我复制的机器，如果复制过程是精准无误的，那么这些机器其实没什么看头，因为你只能得到满满一仓完全一模一样的玩意儿。如果自我复制的产物存在些许不完美，意外就随之而来了。不完美的复制带来的结果是，你最后会收获一批五花八门的机器，因为每台机器生产出的东西都与上一台稍有不同。当然，有些复制出来的机器可能存在毛病，失去了再次复制的能力，或者随着时间的推移，另一些还能自我复制的机器可能会变成霸占大量资源的"吞金兽"，阻碍其他机器收集用来自我复制的金属材料。

那些失去复制能力的机器，会随着时间的推移而逐渐生锈直至报废，最终"断子绝孙"。但在每一代复制品中，那些能自我复制的机器，总能留下一些与它们相似的"子嗣"，且继承了父代的部分特性。这便是达尔文"物竞天择"理论的要义——只有具备复制能力且成功进行了自我复制的生物，才能在进化之路上走得更远。不精确的自我复制和自然选择共同编码了进化过程，让各类稍不完美但可自我复制的机器以不同的方式生存下去。如果你能让这个过程持续几十亿年，便同样会得到类似地球上的各类复杂生命体。

所以，我们最终得出的结论是，达尔文发现的生物进化过程便是那个神秘"造物主"的真身。事实上，我们几乎没有理由去质疑自然进化理论——不像那些智能设计论的拥护者——因为支持进化论的科学证据确凿无疑。

尽管如此，因为进化是非常复杂的过程，科学知识也在不断地自我扩张和质疑，生物学家并不能完全理解地球生命进化的方方面面。例如，关于生命确切起源的争论，仍然没有完全尘埃落定（虽然科学家们提出了不少令人信服的理论）。不同的生物学家对进化也持有不同的解释。这种分歧并未质疑进化这一过程本身，而在于看待进化的角度，以及进化过程中"有哪些因素使其如此强大且富于创造性"。换句话说，是关于"哪种力量在推动进化的过程中发挥了主要作用"这一问题，公说公有理，婆说婆有理。然而有一点尤为关键，即自然选择在进化中扮演了怎样的重要角色？

自然选择，又称物竞天择，即某个在生存竞争中存活的生物个体，很可能会获得更多的繁殖机会，继而将自己的基因扩散至整个种群。因此，在自然选择中，不利于生物生存的基因往往会随着时间的推移而湮灭，而增强生物生存能力的基因则会被保留并发扬光大。有时在大众的认知中，"自然选择"这个词似乎等同于"进化"，但进化不仅仅是自然选择，进化的动力源不止一种，自然选择只是其中之一。事实上，自然选择是否比其他的推动力更重要，已经在生物学家群体中引发了激烈的争论。举个例子，最著名的一场辩论便发生在前文提到过的古尔德和约翰·梅纳德·史密斯[①]（John Maynard Smith）之间，两位都是业内知名的进化生物学家。

[①] 约翰·梅纳德·史密斯（1920 – 2004），英国理论和数学进化生物学家和遗传学家，被誉为"进化博弈理论之父"。——译者注

古尔德认为，进化过程中机遇和历史的重要性可能高于自然选择，而史密斯则认为自然选择比机遇更重要[106]。尽管两人都认可了进化论，但在其解释上存在分歧。

重要的是，选择不同的解释，将影响我们对进化的理解。进化到底是由自然选择下的适者生存和繁衍来驱动，又或仅是一个分化的过程碰巧积累了不同的生命形式？合理的解释可以帮助我们理解生命的多样性，是如何在"无章可循""无规无矩"的自然过程中产生的。本着这种精神，本章将以另一种解释——从非目标搜索的视角来审视自然进化过程。

正如本书前几章所述，本研究的一大动机是为了明确非目标思维作用于创造性发现时，其是如何颠覆我们的视角的？但与此同时，我们也希望对进化的重新审视，能使我们获得更深层次的理解。重要的是，我们的目标不是要推翻既定的生物学理论。相反，我们提出了另一种观点，即有助于我们理解进化的一种与众不同的进化论解读方式——进化如何能够将那些不可思议的事情化为现实。但在介绍我们的新观点之前，先来回顾一下，有哪些最常见的进化解读方式？以及为什么它们与目标导向思维的联系如此紧密？

进化论中，最著名的一个观点，可能就是"适者生存"，其中"适者"是指生物学上的适应性概念，即一个生命体平均能产生多少后代。虽然"适者生存"这个词并非出自达尔文之口，也不是现代生物学家的惯用词（他们更喜欢"自然选择"这一术语），但"适者生存"还是成为公众大脑中根深蒂固的观念。不仅如此，这个词还牢牢抓住了进化背后的一个驱动力：更能适应特定生态位的生物，往往比适应性较差的同类更"多产"。

霓黄色皮毛的兔子在自然环境下更容易被捕食者发现，其生存能力便会大打折扣，继而黄色毛发的基因也不大可能会在整个兔子种群中广泛传播，因为携带这种基因性状的兔子存活率低，平均产生的后代也更少。另一方面，携带"飞毛腿"基因的兔子更有可能从捕食者的追逐中活下来，该基因便会在整个种群中扩散，因为跑得更快的兔子，往往活得更长，繁殖机会也更多。所以这些基因，不管是表现出霓黄色皮毛，还是跑得更快的性状，最终都会彼此竞争。结果兔子也被迫参与生存的竞争，因为它们继承了相互竞争的基因。

这种关于"竞争"的观点，就将"适者生存"与目标导向思维联系起来。整个生存竞争的概念，就是通过竞争性来选出适应性更强的生物，最终实现成为"最合适"或"最佳繁殖体"的目标。我们希望能有一个比"最适者"更具体的目标，但这也促使我们开始思考"（进化的目标）可能是什么"这一问题。像所有目标驱动型的检索一样，一项衡量生物某种能力的标准由此被确定（在本案例中就是"适应性"），而进化的目标就是不断提升和改进这方面的能力。

出于类似的原因，"适者生存"使人们普遍将自然进化视为生物之间的血腥竞争。如果只有最适者才能生存，那么大自然就会摆出"天地不仁，以万物为刍狗"的姿态，消灭所有"不符合目标要求"的生物。正如丁尼生 ① （Tennyson）所说，"大自然即鲜血淋漓的尖牙和利爪。"关注进化中的竞争性，会得出另一种观点，即大自然总是在努力地自我优化和完善，那么有意思的问题来了——其目的何在？大自然想努力达成什么目标？早期的进化论者认为，而且许多非专家人士仍然相信，进化是进步性的，是朝着某种完美目标的方向发展，是对超级生命体的一种探索。这种解读有时会将人类奉为当下物种进化过程的巅峰。换言之，从进化的角度来看，相比细菌或者蟑螂，人类似乎是"更高等的进化目标"。

但即便从目标的角度思考进化问题，也存在着不同的解释。进化的目标就是要明确地检索到人类，此想法无疑是最幼稚的。这种"人类至上"的观念，始见于早期人们对进化树的描绘——人类被突出地置于最顶端的树枝上，言下之意便是，人类代表了进化的进步。现今的大多数生物学家当然不会赞同这种以人类为中心的观点。事实上，如果人类真是进化的既定目标，我们最终会遇上前文提及的、关于目标的悖论：如果每一种由地球上第一个细胞衍化而来的生物体，在进化过程中都向类人这一进化的既定目标靠拢，那么就永远不可能进化出人类（作为最终参照物）。问题在于，与任

---

① 阿尔弗雷德·丁尼生（1809—1892），英国维多利亚时代最受欢迎及最具特色的诗人，并于1850—1892年担任英国桂冠诗人（一个由英国君主任命的荣誉职位）。他的诗歌准确地反映了其所处时代的主流观点及兴趣，代表作品有组诗《悼念》等。——译者注

何"高大上"的目标驱动型检索一样，具备踏脚石特性的事物，与最终产物并不相似。比如扁形虫——人类在进化之路上的祖先之一，和人类毫无相似之处。所以进化不可能一直在主动地寻找人类，如若不然，人类永远都不会出现！因此，如果进化确实是由某个明确的目标驱动，那么这个目标绝对不会是创造出人类。

那么这个目标会是什么呢？一种可能性就是，如果人类并非进化的既定目标，那么使我们进化出有别于其他物种的特征，可能才是真正的目标。比如智力也许是进化的目标，而人类只是过程中的某一产物。但问题是，即便以此为目标，本书前文提到的关于反对执迷于"高大上"长期目标的内容，在此仍然适用，因为依照先前的论述，用于实现智力这一进化目标的踏脚石，自身应是不具备智力特征的（如前文所言，踏脚石和最终产物是毫无相似之处的两种事物）。举个例子，没有人会知道远古时期的扁形虫和其他昆虫相比，谁有可能进化出高等智能，但人类并非昆虫的后代。从扁形虫进化到人类，如果要预先把这一路上所有的踏脚石都安排好，这对自由散漫惯了的"造物主"（进化过程）来说太勉为其难了。我们真正要探讨的，是目标的欺骗性。目标的欺骗性就意味着将进化视为对人类、对智力或任何其他类型的类人特征的有目标检索是毫无意义的。如此，"人类至上"的观点就站不住脚了。

事实上，进化论只是众多重大科学发现之一，它们共同打破了人类"天上地下唯我独尊"的愚昧心态。比如，哥白尼证明了地球不是宇宙的中心[107]；弗里德里希·维勒（Friedrich Wohler）证明了有机化学与无机化学之间并非泾渭分明[108]；达尔文同样发现，人类只是生命之树上的众多叶片之一[109]。当然，这些打破人类既有认知的发现，都不能削弱我们作为人而具备的独特能力和特性，比如人类分享复杂思想的能力或非凡的智力。真正的重点是，进化并没有对我们人类分外照拂，进化论中没有任何迹象表明人类比其他生物更加高级。

无论如何，虽然人类可能不是进化的目标产物，但问题仍然存在，即进化是如何造就像人类这般复杂而聪明的生物的？如果有的话，进化的目标到底是什么？这个答案很重要，因为它可以帮助我们更深入地了解人类自身的起源。

正如本书第四章中所述，大多数接受过科学教育的人都会说，生存和繁衍是进化的目标。现在让我们更深入地研究一下这个观点。毋庸置疑，所有生物都具备生存和繁衍的能力——因为缺乏这两种能力的物种不可能存活至今。但除此之外，上述观点还承认了进化的另一种动力，即"自然选择"在提高物种生存能力方面的驱动作用。所以根据这种观点，提高适应性（生存和繁衍能力的生物学术语）通常被认为是进化的目标，而自然选择则是驱动适应性提升的主要动力。

重要的是，自然选择解释了为什么生物体能很好地适应其所在的环境。通过自然选择，某一物种尝试着不断地优化自身，以便适应周遭环境。就像拼图制作，通过切削打磨某一块拼图的边边角角，使其与周围的拼图块更好地贴合。进化生物学家费奥多西·多布然斯基[①]（Theodosius Dobzhansky）的话恰到好处地诠释了这一点，"除了进化论的角度，生物学上没有其他行得通的解释。"从自然选择的视角观察生物世界，生物多样性的奥秘便昭然若揭了，即性状 A 是为了帮助生物 B 应对情况 C 而进化产生的。这一思路似乎表明，"力图不断提高所有生物体的适应性"才是对进化论最深刻的解释。简而言之，进化的目标，就是不断提高物种对生存环境的适应性。这种进化观点完全符合目标的范式，也符合直觉的理解。事实上，学校一般都以这个角度来教授进化论，所以但凡被问到进化论，上过学的人很可能都会给出类似的解释。但本书提醒我们，有时对常见的、基于目标的观念进行质疑，可以引发最深入的思考，所以我们不妨尝试寻找不同的方式来思考物种的多样性。

***

虽然乍看之下，生存和繁衍是进化的合理目标，但进一步审视后，就能发现一些漏洞。比如，据本书第四章所述，我们认为生存和繁衍与常说的目标一词的含义并不契合。虽

---

① 费奥多西·多布然斯基（1900—1975），俄裔美国遗传学家、演化生物学家。其代表作《遗传学与物种起源》，这是现代综合进化学说的主要论著之一，将达尔文主义和染色体遗传理论进行了综合。——译者注

然词义的辩论多多少少有些无聊，但在这个案例中很重要，因为选对了词语，释义便有了生命。目标一词的解释和释义是否有意义，取决于我们对"目标"这个词的真正理解。生存和繁衍并不像我们在日常生活中可能会遇到的常见目标，比如找回丢失的车钥匙等。根据本书第四章，生存和繁衍是进化的目标，这一观点是有问题的，因为生存和繁衍在进化开始时就已经完成了，即先得有地球上第一枚细胞的成功生存以及顺利繁衍，生命的进化之路才能随之开启，这就好比手里攥着车钥匙还在继续找它，有些"骑驴找驴"似的犯蠢。搜索到某物，通常标志着目标的实现，而非搜索过程的开始。但进化就是这样开始的搜索过程，最初的可复制的生命形式，就已经成了"已达成的目标"。

更深入地讲，即便我们将进化不仅仅看作"为了实现生存和繁衍"，还是"为了寻找'适应性最佳'的生命体（即适应能力最强的有机体）"，矛盾仍旧存在。关键在于，这种观点与"是什么让进化变得如此盎然有趣"这一进化的深层直觉相冲突。因为在常规的搜索行为中，搜索的终点通常是最有趣的。例如，在寻找丢失的钥匙时，丢失的钥匙本身就是主要的关注点。如果进化的目标是搜索"适应性最强的物种"，那么整体适应性最强的生物就应该是搜索的终点。而生物学对"适应性"的定义，是指某一生物平均能产生的后代数量。所以，如果进化的目标是为了提高生物的适应性，那么它就是在寻找适应性最佳的生物。

然而这种思路的问题在于，哪种生物有望产生最多的后代？如果一对人类夫妇生了五个娃，我们会觉得对方真是"颇为高产"；但对猫咪而言，一胎五仔只是常规操作，而且它们还能一胎又一胎地生个不停。这岂不是说，在"进化"这位造物主眼里，人岂不是不如猫？更糟心的是，细菌比任何动物都更"高产"。按照这个逻辑，在进化之路上更早出现、构造简单得多的细菌，岂不是比人类更接近进化的"目标"？所以人类仍然在迫切寻找着问题的答案，如果细菌已是进化的"最优解"，那为何有我们人类的横空出世呢？

当然，人类早已发现，进化中最吸引人的篇章并不是细菌。所以，如果我们把细菌置于进化树的顶端，那一定是错的。细菌这种生命形态可能"很有趣"，但仅凭研究"细菌"这个单独的生物门类，便妄图深入了解生命那不可思议的多样性和复杂性，就是痴心妄想了。生命的多样性，比如乌龟和郁金香、奶牛和牛痘、绵羊和海贝等，其由来可不会像找回丢失的钥匙那般简单。生命似乎更像是一位钥匙收藏家，拥有经年累月辛苦淘来的各种藏品，只不过其中有一部分更复杂精致。

事实上，进化过程中产生的多样性，让我们想起了"其他的分化创造过程"，这在本书前几章中有所探讨。就像进化这位造物主，随手收集到了一块名为扁形虫的踏脚石，但并不知道日后会从里面蹦出人类来；把一张异形脸的图片传到图片孵化器网站的人，也不会想到它最终会培育成一张汽车图片。真空管的发明也是如此，当时人们并不知道有一天它会成为发明计算机的契机。进化开始看起来更像是图片孵化器网站或人类创新的探索过程，而非基于目标的成果。按照这种思路（如本书第四章所述），回顾进化中最具里程碑意义的成果，如光合作用、飞行能力或人类同等水平的智能，有意思的是，它们始终未被视为进化的目标。如果我们对进化的产物确实感兴趣，并想进一步了解它们诞生的过程，那么把进化看作对目标的检索则完全无益。从根本上说，从目标的角度解读生物进化，严重忽略了一个事实，即进化最有趣的产物，只是其为实现"生物的高度适应性"这一目标过程中产生的一种副产品而已。一种更可靠的说法便是，作为进化产物的生命多样性才是进化过程的核心，而非其副产品。

就此而论，关注进化的创造性，而不是试图将其生搬硬套到基于目标的定式中，可能会形成对进化的更深理解。将自然界中的生存和繁衍等同于目标是一种误导，因为它与目标驱动型搜索中的常见目标截然不同。常见的目标通常不会在搜索开始时就是"已完成"的状态，且目标驱动型搜索几乎总是以最终的产物为导向。因此，从我们心中的创造力角度而非目标导向的角度出发，重新审视自然进化的过程，又会带来什么新的领悟呢？

另一种看待生存和繁衍的方式是将其视为一种制约，即无法顺利繁殖的生物将会走向灭绝，那些能够繁殖的生物则会生存下来。但这种观点可能颠覆我们一贯的理解，与其说自然选择推动了进化，不如说其实际上限制了对生命的多元化探索。一些生物没有被进化"选中"而繁衍下来，这意味着它们作为踏脚石的潜力永远都得不到发掘。如此一来，由于自然选择的存在，大部分的"搜索空间"实际上是被裁剪掉了。

为了说明这一点，不妨想象有一个比地球更宜居的类地行星，我们可以称其为"和谐之星"。在这个另类的虚拟现实星球上，自然选择完全不存在。既然不存在任何生存竞争，那么尖牙和利爪的自然法则也将不再适用。事实上，在这个温柔乡里，每一种生物都可以自由繁殖。即便是那些已经丧失独立生存能力的生物，也会得到帮助，确保它们的基因在任何情况下都能延续。如此假设，是为了完全消除自然筛选的影响。即便某些生命体没有生殖器官，它们也能繁衍生息，甚至能在这里凭空创造后代（以此继承其基因）。在这个星球上不用担心太过拥挤，因为地方足够大，可以容纳在现实地球上所有会被自然选择淘汰的生物。其结果是，许多在地球上无法通过进化（选择）诞生的生物，将有机会在"和谐之星"上（无需经历筛选地）生存和繁衍。

假设"和谐之星"和现实地球上的生物进化，都起源于同一种原始单细胞生命，那么这项实验会得到怎样的结果？首先你可能认为，这种进化必会了然无趣——因为生物完全不需要承担任何适应环境的压力。从生物特征的复杂性角度出发，生物学家一般会给出如下解释——如果不需要适应环境，生物也就没必要目标性地自我优化。但从最严格的意义上说，要创造地球上的复杂物种，自然选择真的是必要条件吗？或者它可能是对进化创造性的一种限制？

假设生物的突变和基因交流与地球上发生的一般无二，那么到目前为止，我们不仅可以看到和现实地球上同样多的生命形态，甚至犹有过之。虽然听起来很奇怪，但这个结果会成为确切的事实，因为所有被自然选择"筛掉"的生物仍可能在"和谐之星"生存。消除了自然选择的压力，进一步的进化就不那么困难了。事实便是，在"和谐之星"上，没有了弱肉强食的法则，生物不可能失去进一步进化的机会。因此，在现实地球上繁衍的每一种生物后代，也会在"和谐之星"上顺利存活并繁衍，这意味着同样的物种谱系也将得到进化并诞生于世。当然，因为几乎每一种生物（包括那些在地球上无法生存的生物）都能在"和谐之星"上顺利繁衍后代，所以也会有很多原始而"无趣"的细胞团存在。但这种折中带来的积极一面是，许多碰巧不走运而未能在现实地球上生存下来的有趣生物，将会在"和谐之星"上获得第二次生存的机会。

例如，有一种百万分之一的罕见突变，能为新生物种赋予有用的新能力。在现实地球上，这个变种在发展壮大之前，很可能会被捕食者吃掉，随之永远失去成为一项生物史上重大发现，以及成为其他新物种"祖脉"的机会。但在"和谐之星"上，这种突变只是开始。这个星球就好比是一位不遗余力地秉持"兼爱非攻"理念的探索者，不放过每一块可能的踏脚石。谁知道生物在不需要生殖器官的情况下，会演化出怎样令人意想不到的身体结构呢？这个思维实验的重点是要说明，自然选择并非真正的创造性力量，它集中、优化，并最终限制了进化这位造物主的探索范围。自然选择的伟大作用，只是在于确保资源（在现实地球上是有限的）被用在能够自我繁殖的物种身上。这种限制与无限的探索不同，所以生存和繁衍可以说是限制了进化这位造物主去进一步发掘可能带来新物种的踏脚石，而不是进化本身的目标。

这种视角的转变表明，进化好比是一位典型的寻宝者，而不是单纯的优化员。也就是说，如何积累新颖性和多样性，才是进化的一大标志性特点。就像人类在创新、在使用图片孵化器网站或新奇性搜索过程中积累踏脚石一样，自然进化在地球上积累了不同种类的生命塑造方式。生命之树的枝干从根部不断向外分支，一边扩展，一边收集新的生命的踏脚石。并不是所有的踏脚石都能保存下来，但它们确实成了促成新物种诞生的一个又一个关键环节。

但是，是什么导致进化以这种方式积累踏脚石的呢？进化中产生惊人发现的关键因素，不仅仅在于生物之间的竞争，即使竞争的确发挥着重要作用。将竞争视为进化创造性的一般性解释，这样做的问题在于，其通常会促使一切事物趋于"最佳化"，即适应性最佳的生物才是唯一重要的存在，所有其他的、无限的踏脚石都是无关紧要的存在。例如，美国全国大学体育协会（NCAA）"疯狂三月"篮球锦标赛开赛时，共有 64 支球队，但最终的赢家只有一位。好比在 Betamax^①与盒式磁带、DVD 与激光碟、高清 DVD 与蓝光碟之间的竞争中，最终会有一方压过另一方 [110-112]。但自然进化不同于此类竞争，因为其更趋向于"开枝散叶"，为生命问题探寻众多不同的解决方案。就像其他非目标性探索的例子一样，正是这种在具备所有可能性的空间中，不断分化和探寻积累踏脚石的行为，才最终带来了最令人瞩目的伟大发现。

有趣的是，自然进化并不是通过竞争来获得生物多样性，而是通过避免竞争。特别是某一生物如果能以一种新方式谋得生存，那便是成功找到了自己的专属生态位。因为它会成为第一个以这种新方式生存的生物，所以作为此道开山者，竞争不会太激烈，繁衍也会更容易。例如，如果一个偶然的突变，使某样生物有能力消化一种之前不能吃的东西，那么它就完全为自己争取到了一种全新的食物来源。随着时间的推移，它的后代可能会专门以这种新发现的东西为食，从而形成一类新物种。

或者想一想有史以来第一只进化出飞行这一革命性能力的陆生动物，这位史前的"莱特兄弟"另辟蹊径，为后续的生命开拓了新的生存可能性，并从陆地上的弱肉强食中成功

---

① 1975 年由日本 Sony 公司研制开发供盒式录像机系统使用的一种磁带格式。——译者注

抽身。通过这种方式，新的生态位逐渐积累起来。虽然个别物种可能会走向灭绝，但长期得不到开发的情况会变得罕见，因为大自然始终在扩张不同的可能性。这是一种全新的生存方式。

此外，一个新兴生态位通常会衍生出更新的生态位，继而进一步生成新生态位。就像连锁反应一样，新生态位会不断从旧有生态位中冒出来。关于"生态位是如何层层衍生的"这一问题，有一种名字就带着味道的昆虫——屎壳郎，恰巧就是个很好的例子：一种生物的代谢废物，可能会成为另一种生物的食物。没有此，就不可能诞生彼。正如计算机的发明奠定了整个软件生态系统的基础，草本植物的诞生也为食草动物提供了赖以生存的基础，这些食草动物反过来又成为食肉动物、清理残羹剩饭的食腐动物和寄生生物的生存之本[113]。数十亿年前由第一个单细胞生态位所引发的连锁反应表明，自然界的进化，与人类的创新、图片孵化器网站和新奇性搜索同属一类。进化好比是一摞不断累积的踏脚石，它们彼此堆叠，并非为了某一目标才聚在一起，而是因为通过不断站在前者的肩膀上，才为生命探索了更多的可能性。

进化与其他非目标搜索过程的相似之处，并不仅仅在于积累踏脚石，偶然性也扮演着重要的角色。进化的某项创新可能会产生何种结果，似乎是无法预测的。正如人类的某些重大发现有时是不可预测的，偶然性在自然进化中也起着关键作用，尤其是通过基因突变的形式。突变是一种遗传基因的轻微复制错误，有时会在生物繁殖过程中发生，通常会导致亲代和子代之间产生细微的不同，不时还会受到自然选择的影响。但如果某项突变损害了生物的适应性，那么它便很难留存于世。另一方面，对适应性影响不大的突变，其命运就不得而知了。此类不好不坏的基因变化，并不是通过自然选择进化而来，而是随机遗传漂变导致的[114]。

需要特别说明的是，虽然自然选择有机会赋予某一物种更大的生存优势，但其有时也会忽视其他方面的属性。如果某一性状并不影响生物的生存或繁殖能力（例如骨骼的颜色），那么自然选择就不会进行任何干预，其进化就只能依靠随机遗传漂变了。从这个意义上说，生物"百花齐放"的多样性，并不是来源于自然选择，而是自然选择的忽视。事实上，正如生物学家迈克尔·林奇（Michael Lynch）所强调的那样，自然选择的干预越少，源于基因漂变的性状也就越稳定[115]。

另一种允许偶然性在进化中发挥作用的力量，便是扩展适应，是指生物"曾经行使过某种功能的结构，在进入一个新生境后，又被用于另一个不同功能的现象"。例如，羽毛最初是在恐龙身上进化出来的，主要功能是保持体温，之后才逐渐成为适用于鸟类飞行的结构。以人类自身为例，骨骼一开始只是用于储存供身体其他功能所需的矿物质，后来才进化成人体的支撑性结构[116]。

类似的案例在非目标性探索中很常见，这种情况下，具备踏脚石特性的生物，其生存与否并不由存在于遥远未来的目标来衡量和决定。因此，图片孵化器网站上同样发生了类似扩展适应的过程，也就不足为奇了——还记得外星人脸图片演变出汽车图片的案例吧？车轮就是由外星人的眼睛扩展演变而来的。扩展适应在人类的创造发明中也很常见，比如真空管最初只用于早期的电气研究，后来才被拓展应用于电脑运算。如此看来，扩展适应是为非目标性探索赋能的一大关键属性。通过观察许多不同类型的探索过程，我们发现了一种很有趣的模式：在奔向某一目标的途中发现的一些有趣玩意儿，在未来往往会以各种意想不到的方式被证明有大用处。

因此，我们可以认为，进化的创造性是逃避竞争后的产物，而非竞争的产物。严苛的生存限制一旦被解除，进化便会在检索空间中自由自在地探索，通过基因漂变和扩展适应的方式，疯狂探索和积累具备踏脚石特性的生物。通过这种生物多样化的力量，进化才得以逐渐积累各种"奇珍异宝"。这只是一种另类的非目标性探索过程，就像图片孵化器网站、人类创新和新奇性搜索一样，其最终产物并未从一开始就被认定为目标。虽然它们表面上各不相同，但这些系统的多样性背后，都有非目标性踏脚石收集者的推波助澜，即寻宝者的再次出击。

***

看到这里，或许我们开始理解，为何"竞争驱动自然进化"这一当下流行的解读，实际上可能太过专注于进化中最无趣的一些特性。换言之，若我们把进化看作最优性或最具效率性的检索，便相当于将其视为平凡而无趣的检索，就好比打开导航，搜索从家到图书馆的最佳路线。与进化不同的是，去图书馆的最佳路线总归能搜得到，而且也不会通往莫名其妙的地方。问题是，把进化看作最理想生物的竞争上岗，意味着进化本身有一天会趋向于创造出最终的超级生命体。考虑到进化的深远影响，专注于创造性而非优化性，可以革新我们的旧有思维。

与此同时，重要的是要避免做出以下推论，即"截然不同的解释，必然是水火不容的"。虽然新解释可能会反衬出旧解释的错误性，但实际上，同一组数据可以支持多种解释。因此，仅以数据为支撑，还不足以在各种解释之间做出最终选择。那我们又该以什么为标准，选择不同的解释呢？

在这个案例中，我们希望能够为"可观察到的过程，是由什么原因导致的"这一问题提供一个可接受的解释。一个好的解释，应该阐明原始数据的更深层含义。比如，万有引力定律的公式很有趣，但背后的解释则更深刻：物质吸引物质——一个简单又深刻的真理。同样，对自然进化的启发性解释，应该回答"那些令人叹为观止的生命产物，是如何被进化创造出来的"这一本质的问题。理想情况下，正确的解释应该非常具体，甚至可以借此开发出一种新算法。想象一下，如果我们能把进化的力量抽取出来装进瓶子，再用于我们喜欢的任何地方，比如汽车或机器人宠物的研发，那么它就成了一台创意生产器，能不断地吐出吸引人的新玩意。把这台机器搁上几个小时，你就能得到一辆全新的、自动化设计的汽车。关键在于，"解释"不仅仅是一项学术活动。若其足够清晰，甚至能给出非常具体的信息，那么它便可以转化为公式，应用到众多其他的场景中。

抽象化是帮助理解自然过程的一个重要工具，主要用于捕获基础流程的基本特征，同时排除不重要的细节。抽象化能把某个概念，分解成基本的构成要素。例如，棋盘可以被抽象为一个由红黑相间且按 8 乘 8 方式排列的方块组成的网格。如果某块特定棋盘上的一个方格有瑕疵，或者长宽不一致，都是无关紧要的，因为这些不痛不痒的小细节，并不会妨碍棋盘行使其目标功能：下国际跳棋。抽象化能抹去一些无关紧要的细节，在提炼核心理念的同时，摒弃的细节越多，抽象化的效果就越好。当然，抽象化也存在弊端，一旦抽象过度，便会丢失最重要的细节。比如把棋盘"简化"成一个光溜溜的大方块，就显得太过分了。虽然棋盘确实是近似正方形的，但跳棋游戏不能单从这个角度来描述，因为光有一个大方块，而没分成 64 个独立的小方格，游戏是玩不起来的。对自然进化进行抽象化处理的难度在于，在不抛弃任何必要细节的情况下，需就其创造性归纳出最根本的解释。

生存和繁衍是一种约束，而不是一种目标，以此为角度对进化进行抽象化处理，是一个很好的切入点。能活到成年并成功繁殖的生物，将会获得血脉的延续，而繁殖失败的生物体，则会走入进化的死胡同。生存和繁衍对新物种的发掘起着限制作用，而非驱动作用。这个观念层面的微小但重要的进步将使我们认识到"众生皆平等"，即所有在进化竞赛中胜出的生物，彼此之间并没有高下之分。换句话说，我们不需要在意某种生物繁衍后代的质量和数量，或者其生存策略和生理结构，我们只关心它是否能顺利存活并繁衍后代。此处抽象化的结果便是，所有成功的物种，都在卓有成效地做着同样的事情，即它们都能生存和繁衍。有趣的是，所有的生物都无法在这方面优化，因为即使是最原始的物种，也已经实现了这个目标。相反，所有成功的生物，都做成了同样的事情（生存和繁衍），只是方式不同而已。通过抛开我们熟悉的物种适应性概念，这种观点为解释真正推动大自然发掘新物种的过程，打开了新的窗口。

地球上所有生物的生命，几乎都起源于单细胞，并通过这种方式，将基因一代又一代地延续下去，其后代也是由最初的单细胞发育而来。正如道金斯所说，单细胞这一进化"瓶颈"，是自然界中普遍存在的现象[117]。从上述"瓶颈"的角度来看，进化是很有趣的，因为其催生了这样一种想法：大自然已经找到形成生物多样性的惊人方法，即从一个单细胞开始，除了最终生成另一个单细胞外，什么都不用做，生命就是两点之间的那点事儿。所有动物都毫无例外地越过了这个"瓶颈"，虽然跨越的方式可能各不相同。事实上，生命所经历的种种艰辛曲折，有一丝鲁布·戈德堡机械的影子，即从一个细胞开始，经历了一系列复杂的折腾后，最终只是产生了另一个相同类型的细胞。

举个例子，最简单直接的磕鸡蛋方法，就是在硬质台面上敲一下，但也有其他办法来完成这一任务。比如你可以设计一套复杂的机关，由无数个小机关串联而成，然后一个接一个地连锁触发，最后以木槌敲碎鸡蛋。如果你玩过一种叫做"捕鼠陷阱"（Mouse Trap）的棋盘游戏，那么对这种滑稽的机械就不会陌生，游戏里的捕鼠机关就被称为鲁布·戈德堡机械（以纪念最先发明这种机器的美国漫画家兼发明家鲁布·戈德堡）。游戏过程中，玩家们首先需要一起想办法利用各种小零件，组装成一套精密器械，比如曲柄、齿轮、杠杆、靴子、弹珠、滑梯、浴缸、跷跷板、潜标、竿子和鼠笼等。游戏最紧张的一刻就是陷阱触发的时候，如果陷阱构造合理，随着一连串机关的相继启动，一只塑料老鼠最后就会被从上方坠落的笼子困住[118]。当然，我们可以用其他更直接的方法触发鼠笼机关，但鲁布·戈德堡机械的特点就是，需以一种过于复杂的方式，来完成一项简单的任务。换言之，"触发捕鼠陷阱"这一最终结果并不重要，其过于冗长且复杂的过程，才是吸引人的地方。

复杂的生物体，也具备类似的特性。如果所有生命都始于单细胞，并最终繁殖出同样以单细胞为生命起点的后代（且这种简单的繁殖策略是有效的），那么用越来越复杂的方式，来完成同样的事情，到底有什么用呢？细菌以一种相对简单的方式，实现了世代更迭（二分裂方式），就像直接在台面上磕鸡蛋。但有些生物则走了一条更迂回的路：首先产生数万亿个细胞，然后在接下来的二十年里，上演一场精心编排的鲁布·戈德堡式舞蹈，最后又以单细胞的形式繁殖下一代，人类走的就是这种路。事实上，正是单个精细胞和卵细胞在多年前的相互结合，才孕育出最初单细胞版本的你。多年后，你长成一个由数万亿个细胞组成的集合体，繁殖能力（同细菌之类相比）还相当低下。从这个角度看，人类诞生的过程，就像细菌繁殖过程复杂化后的产物。我们人类需要先增殖出数万亿个细胞，待发身长大后，才能开始繁衍后代，而男女双方仅需要各提供一个细胞就能完成繁衍任务。

需要注意的是，我们在进化中发现的有趣之物与生存和繁衍的必需之物相比是有区别的。最有趣的进化往往偏离了最大化生殖适合度这一目标。这种持续存在的偏离，不是由竞争导致的，而是通过进化中的其他机制（如基因漂变和扩展适应）提升进化的创造性造成的。我们人类数以万亿计的身体细胞，都是从最初的单个受精卵增殖而来，正因为人类的进化生态位支撑得起这种近乎奢侈的资源消耗，所以人类的成长过程，才能上演这场精彩的鲁布·戈德堡式舞蹈。

无论是甲虫、鸟类、水牛、藤壶，还是商人，都有很多方法来满足最低限度的生存标准，但当我们从高度抽象化的角度来看待各类生物时，它们本质上都在做同样的事情——生存和繁衍，只是方式截然不同而已。根据这种观点，驱动进化创造性引擎的深层动力不是竞争，而是寻找多样化的方法来做同一件事。进化可能就是最早期的鲁布·戈德堡试验，尝试以无限种不同的方式，无休止地重复着同一个简单的任务。

但是，如果不存在任何直接的动机，为何进化会如此舍简求繁，寻找多种方法来做同样的事情呢？是不是有别的力量在背后推动呢？这个问题听起来不错，但真的不需要解释。关于搜索的一件趣事是，基因突变在一代又一代之间缓慢漂移的过程，将会在"搜索空间"中不断向外发散，不需要任何具体的动因。这好比在一根数轴上从零开始，不断地随机增加数字，最终会得到一个比较大的数字。这同样又像是有人把牛奶泼进了"搜索空间"中，而史上第一个单细胞生物，在其中占据了某一特定点位。随着时间的推移，牛奶不断向各个方向扩散，最后淌满了整个可能性的空间。繁殖仅仅代表了"搜索空间"的部分区域，那些代表繁殖失败的区域，则是阻止牛奶四处流淌的障碍。所以进化碰到不育的生物，就会绕道而行，然后流经"搜索空间"中每一个代表"可繁殖生物"的点位。在一些地方，新的生态位的发现会加快牛奶的流动，进而开辟出通往更远处的新路线。尽管大部分牛奶的溢流都是被动的，只是在没有特定选择压力下的"随意流淌"，但通过创建新生态位来逃避竞争，的确会让生物获得实实在在的"奖励"。

如此看来，本书第五章中描述的新奇性搜索算法，就很像是把加速器按在地上的自然进化，"最富创新者"获得的奖励，总是拥有更多的后代。今天我们所看到的所有生物，正是从远古时期开始的进化在存储着所有可繁殖生物的空间中，无意识地"流动扩散"后生成的结果。就像新奇性搜索一样，当相对简单的生存方式被探索殆尽后，进化的流动就会自然而然地向更广阔复杂的地域转移，因为之前的地方已经没有开发空间了。这好比是一座香槟塔，只要倒酒的时间足够长，待上一层的杯子灌满后，溢出的酒水就会沿着一块又一块踏脚石，溢向下一层，最终填满整个空间。

从这个角度看，进化就是一种特殊的非目标搜索，即满足最低条件的搜索。虽然没有什么特定的方向，但它会前往任何满足生存和繁衍这一最低标准的地方，其实进化之初的第一个可繁殖细胞，就已然满足了条件。进化只是积累了所有不同的生存和繁衍方式。当所有简单的生存手段被搜索殆尽时，更复杂的方式就逐渐被发掘出来，并不是因为它们更好或更优，而是因为它们只是进化在当前位置，能搜到的一块块踏脚石。进化之所以能如此丰富多彩，是因为其仅是在漫无目标地向前流动，而目标则会截断更多的"搜索空间"。事实上，"进化是一种条件最少的检索"这一观点，促使我们发明了一种新奇性搜索的算法变体，其名为"最低标准新奇性搜索"。这种新算法能够促使机器人产生的行为，可解决新奇性搜索也束手无策的迷宫游戏，即通过搜索，找到以新方法来做同样事情的迷宫探路者[56]，最终破解迷宫路线。这个结果的有趣之处在于，其回答了"高层次的抽象如何产生洞察力"这一问题，而这种洞察力可以作为一种实用的自动溢出算法进行测试。

***

当然，按照抽象化处理的观点，不容忽视的是，竞争在这里已经彻底被简化了。这种牛奶流淌式的进化论观点立意层次太高，以至于把"适应性"抽象为一种硬性限制：生存和繁衍，要么成功，要么失败。在只有一种硬性限制的情况下，就不可能有竞争（就像适应性一样），因为任何满足限制条件的方法，都同样好。但正如生物学家可能会辩驳的那样，竞争确实在自然进化中起着一定作用，而这种抽象理论恰恰忽略了竞争的作用。然而，竞争可能是进化驱动力中最没有趣味性的分支，因为它趋向于限制物种发展的多样性。不同于发现新生态位，进而产生不同生存方式的积累，竞争并不是一种纯粹的创造性力量。它更像是一种磨砺性力量，在特定的生态位内，对物种进行持续优化，或者使物种以限制性的方式，跨越生态位，就像瞪羚进化出从狮子嘴下逃离的方式那样。所以如果我们对进化过程的创造性感兴趣，把竞争从进化中完全抽象出去，并非不合理。而竞争所带来的问题是，为了使生物更好地适应，它引入了目标压力的概念，但正如我们所看到的，这可能会导致趋同和目标的欺骗性。换句话说，进化本身就是创造性的，只不过它允许了竞争的存在，但绝对不是因为存在竞争才有了进化。例如，在没有竞争的"和谐之星"上，进化只会更富有创造性。

因此，要想进化出富有特色的物种，进化的竞争性就不能压过创造性的驱动力，这才是关键。重要的是，在自然进化中，生存和繁衍这两项任务，是一种普遍存在而又开放的约束，其允许了不同的生存和繁衍方式。各类物种的不同生活方式，是通过进化的创造性力量实现的，包括建立新生态位来逃避竞争，也是由进化的创造性来驱动的。就好像图片孵化器网站的用户，一些可能有目标，一些可能没有，所以自然竞争并不能阻断整个进化体系多样性的增长。竞争能对不同物种的生存方式起到磨砺作用，而且可能会导致特定的生态位被特定的物种主导，但并不妨碍新生态位的继续积累。所以重要的结论便是，即使以一种不排除竞争的方式对自然进化作抽象化处理，竞争的作用也应排在创造性之下。

那么问题来了，大自然的竞争是如何发挥这个次要作用的？为什么竞争不会导致自然进化逐渐趋向于创造某种"最优生物"？与此有关的一个重要事实是，进化中的竞争不是全方位的。换句话说，单个个体并不会"以寡敌众"，与其他所有生物都较上劲。竞争也以不同的方式受到限制，比如因地理局限，澳大利亚的鸟类不可能会与美国的鸟类竞争，又或是受到生态位的限制，比如鸟类一般不会与水牛直接发生竞争。重要的是，这种有限的局部性竞争与全方位竞争相比，两者的影响大不相同，后者还肩负着一个首要的全局性目标，即全方位竞争，强调的是发掘"整体最优"。在全方位竞争中，评判一个生物的标准，是将其与其他所有生物进行比较。比如，在全方位竞争中，将单个人类的繁殖适应性与单个细菌相比，两者肯定是无法衡量的（因为人类完全无法媲美细菌的繁殖速度和频率）。

那么局部性竞争有什么不同之处呢？正如著名生物学家休厄尔·赖特（Sewell Wright），首先强调的那样，局部竞争会在生物自身的生态位内，不断对其进行"雕琢"和"调校"，但在不同生态位之间产生的影响，相对有限[119]。其结果是，不同于全方位竞争，局部竞争推动了新生态位的建立，继而避免了竞争。一旦生物体找到一种不受原对手影响的新生存方式，竞争就会减少，好比有人在比赛中弃权。但全方位竞争是无法逃避的，个体无论做了什么，总是会与其他所有生物进行比较评判。这就是为什么全方位竞争自然趋向于"归一"，而局部竞争自然而然地促进了进化的多样性和创造性。因此，（局部）竞争的概念可以被整合到非目标的抽象化过程中，即自然进化可以被视为具有局部竞争特点的新奇性生成搜索。

再次重申，这种解释既不否认生物学事实，也不表明生物学家是错的。相反，我们的目标是从不同的角度重新审视进化，以期得到更深入的理解。事实上，我们还将这种提纯后的抽象概念，转化成了另一种被称为局部竞争新奇性搜索的算法，属于新奇性搜索算法的另一种变体。这种算法维护了新奇性创造与竞争之间的平衡，同时又能保持非目标性以及多样性的积累。有趣的是，与虚拟生物模拟器相结合后，该算法在一次尝试性实验中，生成了各种各样的虚拟生物，这是一项前所未有的成果 [120]。由此可知，该算法帮助证实了这种类型的搜索，可以爆炸式地生成各种虚拟的生物体。

***

在本章中，非目标性思考的一个核心观点是，虽然可以把进化看作一场竞争，但"形成新生态位以逃避竞争"要比"在生存和繁衍这两个目标上，胜过其他生物"更为重要。这就是生物多样性保持增长的方式，也是自然进化总体上趋向于"多元化"而非"趋同化"的原因。这既是踏脚石的积累方式，又是全面提升生态系统潜力的方式。正如在其他形式的非目标性探索，只有推翻优化理论的统治地位，才轮得到发现理论上场。最后还有一个耐人寻味的问题，即化石记录本身，是否为我们从非目标性角度解读的进化论观点，提供了进一步的证据？

进化的成就是无与伦比的，因为它没有任何事先的引导。作为一种无意识的过程，它无法被提前计划，或像人类那样制定一系列复杂的目标。因此，"以'复杂的目标知识'或'原生智能'战胜'愚昧的欺骗'"，并不是进化取得成功的原因，因为进化是一个纯粹的机械过程。所以自然进化的伟大成功，必然来自其无意识积累的踏脚石，因为进化只能做到这一点。生命之树的一大显著特征是，随着新生态位和现存生物变种的出现，它总会长出新的分枝，但并不伸向任何特定的方位。考古学家研究的所有化石，并不会直接指向进化的某些"高级物种"。它们好比是在黑暗中镜头拍摄到的不同画面，是昔日进化实验中产生的细微且无意识的变化。

最早被发现的化石，其历史可以追溯到大约 30 亿年前，上面留存了单细胞生物和松散细胞群的生命印记，它们类似于现代的细菌。匪夷所思的是，从那以后，生命的进程好像就停滞了，因为从原始数量和多样性来看，占主导地位的生命形式，从古至今都非单细胞生物莫属 [121]。进化意味着变化，但这个生态位一直以来都非常稳定。进化并没有抛弃历史、以新代旧，而是保留了历史。现存的单细胞生物便是其留下的"生命活化石"，虽然小到肉眼不可见，但它们几乎占据了现今地球生物总量的一半 [122]。

虽然细菌依旧活得好好的，但自从它们被首次发现以来，生命已经占满了其他形形色色的生态位。其中的许多生态位规模越来越大，也越来越复杂。以著名的"寒武纪生命大爆发"（发生在大约 5 亿年前的寒武纪）为例，这属于生物进化过程中的"重要时期"，所有现代动物类群的祖先，都是在这段相对较短的时间跨度（几百万年）内进化出来的 [123]。

在寒武纪大爆发之前，生命只能占据一些简单而狭小的生态位，好比图片孵化器网站一开始只能处理比较简单的图片，新奇性搜索中的迷宫导航器最初只能执行一些简单的指令，人类最初只能发明车轮而不是内燃机。换言之，创新的踏脚石，必须按照先简后繁的顺序出现。寒武纪生命大爆发，只是自然进化探掘出的另一块踏脚石，踩上后能攀多高，就不得而知了。你可以说，它有点像那些我们熟悉的故事：摇滚乐的发明、计算的发明、通过图片孵化器生成的赛车图片，甚至是进化对身体结构的塑造。从这个角度来看，我们可以把化石记录本身，看作偶然性的最初版本，它不是用文字，而是用保存在岩层中的化石生物写成的，它用 10 亿年的时间证明了进化这个"寻宝人"，"于无声处听惊雷，于无色处见繁花"的深厚功力。

正因为进化不存在统领性目标，所以它才能"发明"像人类这样的生物，正是因为它没有"刻意寻找人类"，所以人类才能诞生。目标的悖论，统领了所有大型开放式的创造性系统——从人类的创造发明（以人类自身的智慧和对新奇事物的探索欲望为驱动力），到明显不受人类引导或设计的自然进化。最后，我们对进化过程产生了不同的看法：它似乎更像是一场开放式的头脑风暴，而不是一心一意地去追求某个目标；它更倾向于探索，而不是血淋淋的竞争；它并非是在追求完美，而是在制造一台新奇的鲁布·戈德堡机械。进化好比是一位终极的寻宝者，看似没头没脑，却能在潜藏了所有可能性的空间中找出所有的生物。进化又是世界上最多产的发明家，所有的发明创造，都是在不考虑未来走向的情况下完成的。这就是在不考虑竞争和适应性的情况下，我们依然能够理解进化过程的原因。这或许能成为一个崭新的进化解读视角，彻底屏蔽目标神话的影响。

第十一章
案例研究 2
目标和人工智能领域的探索

唯一不会抑制进步的原则是：一切顺其自然。

——保罗·费耶阿本德（Paul Feyerabend），《反对方法》

　　我们今天视为理所当然的无数科学技术，在不久前仍是无法想象的存在。即使最富有的中世纪国王，也仍然需要骑马出行，并很容易死于肺炎。但到了现代，哪怕是普通人，也可以乘坐飞机出行，并与千里之外的朋友即时沟通。在推动所有这一切，以及使更多看似不可思议的进步成为现实方面，科学可谓功不可没。就其本质而言，科学是对知识的探索，科学不断地拓展了人类可能性的边界，使人们能够更深入地了解这个世界。正如历史上所有伟大的发现那样，当今的科学发现，也是通往未来的踏脚石，引领我们发现超乎想象的技术。

　　尽管科学的发展令人炫目，但其进步需要依赖于科学家们的努力，而科学家也是人，跟所有其他人一样，并非完人。考虑到人类才是伟大科学进步的幕后推手，科学家们沟通和互动的方式，也将深刻地影响科学进步的节奏和速度。我们必须了解科学体系的运行方式，因为科学决定了人类的生活质量。不妨想象一下，若没有抗生素，人们的生活会变成什么样。因此，如果科学界能够更有效地合作，所有人都将受益。所以，在本章中，我们将了解当前的科学运作方式，并探索其背后是否存在可能带来麻烦的目标。

首先，科学实际上不只是一个聚集了所有科学家的庞大社区。世界上有太多的知识，没有人能够将其全部理解或掌握，因此科学家们往往仅专注于一两个较小的科学知识领域，我们将其称为学科。普通人比较熟悉的学科，包括物理学、生物学和化学等，都由不同的科学家群体构成，就像任何其他类型的人类社区一样。不同学科也有专属的惯例和文化，事实上，很多喜闻乐见的笑话，都描述了不同学科群体之间的文化差异，例如：

一位数学家、一位生物学家和一位物理学家，正坐在一家街头咖啡馆里，看着街对面房子里进进出出的人。

他们首先看到两个人进入房子。时间一点一滴流逝，过了一会儿，他们注意到有三个人从房子里出来了。

物理学家说："测量并不准确。"

生物学家得出结论："他们'繁殖'了。"

数学家："如果现在正好有一个人进入这所房子，那么它又将是空的[124]。"

不同国家之间生活方式的文化差异，往往体现在语言或饮食习惯上，而科学界的文化差异，则与人类知识的拓展和积累有关。我们希望一门学科的文化，能够催生富有成效的探索，促使该学科中最有前途的踏脚石开花结果。同时，学科的文化也帮助科学家们避免在探索死胡同上浪费太多时间，因为每位科学家个人的时间和资源都是有限的，所以每个学科社区，必须帮助其成员确定哪些科研想法才是最重要的想法。这样一来，同一个社区中的科学家们，就可以在不需要阅读全部论文或文献的情况下，了解到最前沿的信息。这也是为什么大多数科学社区，都遵循了旨在剔除不良或无趣理论和实验的经验法则。可以想象，如果不存在这种筛选机制，一个科学社区就可能产生大量鱼龙混杂、泥沙俱下的研究成果。

为了筛选和传播最重要的思想，大多数学科的研究者们，都选择在期刊和会议上发表个人的研究成果。期刊以定期出版的方式，传播不同研究者的想法和成果，而学术会议则能让研究人员齐聚一堂，面对面讨论和分享彼此的工作。科研会议还经常出版（记录会议情况的）"会刊"，有时还收录了所有在研讨会上发布的论文。重要的是，科学家在期刊或会刊中发表自己的想法，有助于进一步验证其研究，并能将科研的想法或成果传播到更大的社区。得到期刊和会议认可并发表的观点很重要，因为它们决定了未来科学研究的方向——它们往往是会被科学家们进一步探索的踏脚石。因此，一个有趣的（也很重要的）问题是，我们如何才能最好地判断出，哪些想法值得发表，哪些应该被抛弃。

解决这个问题的最常见方案，就是同行评审（在本书第八章探讨哪些科学项目应该得到资助时，也提到了这个方法）。一位希望在特定学科社区中分享新想法的科学家，将其研究成果以文章的形式，提交给期刊或会议组委会时，同行评审的流程就开启了。接下来，期刊或会刊的编辑们，不会只是单纯地阅读拿到的文章，然后直接根据个人的喜好，决定该文章是否应该发表。因为对于一门学科的未来发展方向而言，一小群人不应该拥有如此大的话语权。相反，编辑们的工作，是寻找同行评审员，即文章所涉学科领域的专家们，并征求评审员们对该论文观点的意见。评审员们通常会给出非常具体而详细的意见（主要是挑刺），旨在找出被评审的文章中的错误，并判断文中想法的重要程度。编辑随后会收集评审员们提供的评论并发回给作者，便于他们对文章作进一步修改和完善。然后，这个过程可能会不断重复——修改、重新提交、再次评审，直到这个观点被接受（和出版）或彻底被拒。整个流程的目标，就是确保发表的观点是准确且重要的。

我们希望通过同行评审能有助于完善或剔除部分"认识肤浅、内容单薄"的想法，继而确保最重要的想法得以发表。通过出版和发表，学科领域中最顶尖的人，才能够了解这些想法，他们可以将其作为进一步探索的踏脚石，推动学科继续向前发展。但这个体系也存在一些重大的风险，比如被选来审查某一特定学科论文的"专家"有可能带有个人偏见，他们可能认为某个新观点威胁到了自己的理论，或者无法理解新观点的有趣之处。因为这些新想法可能看起来过于激进，或与本学科一些得到普遍认可的信念相冲突。此外，审稿人还可能会倾向于发表那些"满足于现状"且缺乏想象力的想法，这会扼杀创新。就像在其他类型的人类社区一样，权力和政治也会毒害科学社区，有权势的成员可能会导致整个评审过程偏离公平和开放的理想轨道。因此，如果一个科学社区在评审方面不够谨慎，评审员作为把关人，就有可能因一己之好而导致科学发展停滞不前，反而阻碍科学的进步。

潜伏在这些令人担忧问题背后的，是目标的强大影响力，我们也不应该对此感到惊讶，因为目标是具体的，并且允许人们衡量和鼓励科学的进展。喜欢通过目标来指导任何探索或发现的过程，是人类的天性，这在科学领域也不例外。简而言之，要求科学家们为一个具体的想法提供目标，比评判完全没有设定目标的想法更容易。因此，评审专家们在评估一个新想法时，自然会想到关于目标的诸多问题：这些想法可以达到什么目标？它们是否会实现一个特定的目标？然而，在科学领域，专注于目标驱动问题的习惯可能会带来意想不到的后果，就像在目标驱动的其他活动中一样。因此，目标在科学领域发挥的作用，同样值得我们仔细研究。秉持了解这种新视角的意图，让我们来研究一下某个特定科学分支的思维方式，将其看成一项案例研究，帮助我们了解目标驱动的思维对整个科学探索过程的影响。

鉴于我们两位作者都专注于人工智能领域的研究，因此我们自然而然地将其选为研究的对象。但更重要的是，人工智能领域还颇为有趣，因为其研究的核心重点是实现一个非常"高大上"的目标：创造高度智能化的机器或程序。这种以远大目标为导向的研究趋势，使我们很容易能够看到目标导向的思维在人工智能领域的影响，并且其严重程度远远超出其他学科。尽管不同的研究人员可能对人工智能的确切定义有所不同，但整体而言，这个领域中大多数还没有丧失激情的人，都想要努力实现一些"高大上"的目标，比如接近或高于人类水平的人工智能。最重要的一点是，在人工智能领域，我们谈论的是追求一个典型的高远目标，即距离这个目标的最终发现还需要很多踏脚石。

当然，本书已经在前文中反复告诫诸位，不要为了一个遥远而虚幻的目标而投入过多的努力。自然，这种警告对人工智能研究来说，就是一个悖论。因为试图奔向遥远而充满潜力的远方，是人工智能领域研究的本质。也许这就是为什么，人工智能领域的一些研究人员选择声称自己秉持保守策略，并表示自己的研究目的，就是为当前的社会创造实用的算法，对充满了不确定性的遥远梦想毫无兴趣。但是，我们怎么可能放弃人工智能的突破，放弃创造真正的智能机器，以及从根本上改变世界的伟大想法呢？如若实现了这个遥远的梦想，飞机将能够自主翱翔蓝天；机器人不仅能自主建造房屋，还能自主设计；不起眼的芯片可以谱写出美妙的乐章，完全无须人类插手；未来的救援人员可能是钢铁机器，而非血肉之躯。如果人工智能领域最宏伟的目标得以实现，所有这些都会成为现实。

这就是为什么人工智能领域是研究目标思维如何影响科学发展的一个绝佳案例。将人工智能领域作为案例，我们可以说明目标思维如何影响整个科学领域，甚至影响科学之外其他领域的发展和探索。因此，本章得出的经验和教训不仅仅适用于人工智能领域，还可以延伸到更深远的地方。毕竟，目标就是社会把关人最喜欢的工具。把关人指的是那些能够决定在什么地方投入资源，或哪些领域可以被忽略的掌权者。因此，通过本章的分析，我们不仅可以了解特定科学领域的内部运作模式，还可以了解目标在整个社会的决策中发挥的作用。

要充分了解人工智能"社区"，思考人工智能领域的研究人员所做的事情，会很有帮助，尤其是考虑到人工智能研究的主要产品，是算法，它也是人工智能领域的"大道根本所在"。在这个领域，没有任何理论是完整的，没有任何想法是确定的，除非它首先被写成算法，然后得到测试。这个传统为人工智能领域的研究奠定了基调，即任何看似异想天开的主张，都可以通过计算机化的实验进行检验。研究人员必须提供实际的测试结果来支持他们以研究论文形式提出的论点。

考虑到人工智能的一个目标，是制造能够执行有用任务的计算机，所以也存在各种各样用途的人工智能算法。有些程序可以实现物体的视觉识别，有些可以自主编写小说，有些可以控制机器人，有些能下象棋，有些能自主学习，甚至还有能够玩视频游戏的算法。因为任何需要智能的行为，都是人工智能研究的内容，所以人工智能的算法，也涵盖了人类和不同物种能够完成的所有任务或行为。当然，一部分行为的实现难度要比其他的更高：一台名为"深蓝"的计算机，在1997年击败了人类国际象棋冠军加里·卡斯帕罗夫（Garry Kasparov）[125]，但迄今为止，一个能自己学会系鞋带的算法，仍是一个难以企及的巨大挑战。人工智能领域的"圣杯（至高无上的目标）"，是开发出一种单一的算法，它可以完成人类能做的一切任务，或许甚至可能超越人类的能力范畴。虽然人工智能领域一直在向前发展，但这种算法，即便人类有朝一日有可能写出来，在目前来看，仍是一个遥不可及的目标。

因为算法是人工智能研究人员的研究成果，所以人工智能领域本身，可以被认为是对算法的一种探索。换句话说，人工智能研究群体作为一个整体，共同致力于寻找更新、更好的算法。与此类似，数学研究者也在寻找新的定理，物理学研究者也在寻找能更好地描述现实世界的新规律。然而，关于人工智能领域的一些有趣和独特之处在于，其研究人员研究的主题是如何有效地搜索。人工智能领域的科学家们，是设计人工智能算法的专家，其中许多算法本身就是为了自动搜索更大的未知空间而设计的。例如，一些人工智能算法，旨在搜索出穿越迷宫的最佳路径，而另一些算法则用于在跳棋或国际象棋等棋盘游戏中，搜索最佳棋步。因此，这个领域的与众不同之处在于，人工智能领域本身就是对算法的搜索，而人工智能研究人员本身就是研究搜索的专家。换句话说，人工智能研究人员正在寻找能够进行搜索的算法。这并非什么不可宣之于口的秘密，因为搜索本身就是智能的一个重要组成部分，所以人类的发展和人工智能的研究都涉及搜索，并不是巧合。

我们将机器学习领域（人工智能研究的一个分支）选为解释搜索算法工作原理的案例，因为这个领域的算法，通常用于寻找最佳的参数集。例如，其典型的研究问题，可能包括许多告诉程序如何驾驶汽车或控制双足机器人的参数（我们在本书第五章中描述的双足机器人实验就是机器学习领域的典型案例）。搜索算法可以通过这些参数进行搜索，然后尝试找出驾驶车辆或机器人行走行为的最佳设置，这就可能帮助人类节约大量花费在此类事情上的时间。

其中一些汽车驾驶参数可能包括转弯的距离、踩油门的力度，以及应保持的合理车距等。当然，这些参数的一些设置，应该比其他参数更有利于驾驶。有时，慢慢加速比猛踩油门会更安全。因此，如果我们具备了一个衡量安全驾驶的方法，机器学习算法就可以自动搜索最佳的参数设置。通过这种方式，搜索算法就可以自动进行原本需要人工操作的搜索。因此，人工智能研究人员不需要自己进行搜索，而是致力于创建搜索系统，由于他们不断地对这类搜索系统进行编程，人工智能研究人员也自然而然地成为搜索领域的专家。简而言之，关于人工智能研究的有趣之处在于，相关研究人员在设计搜索算法的同时，也在不断地搜索新的人工智能算法。

因此，我们可以将针对人工智能算法的搜索，称为元搜索，即搜索那些能够搜索的事物。换句话说，就是一种类型的搜索被嵌套在另一种类型的搜索之中。尽管涉及"元"概念的东西都有点令人费解，但在人工智能领域，元搜索并不像听起来这么复杂。事实上，这种元搜索同样也会出现在日常生活中。想象一下，如果你想从狗场里挑选一只小狗带回家，而你恰好喜欢好奇心重的小狗，你自然就会寻找那些最喜欢到处闻来闻去、搜这搜那的小狗。又或者你的工作是要在一家寻宝公司雇佣一个人来担任高级宝藏猎人，那么你会主动寻找能力最强的寻宝人，因为他的任务就是寻找宝藏。进而，整件事情就变成一个寻宝的元搜索。人工智能领域的研究人员也是如此，因为他们的任务就是搜索最好的算法，而这些算法本身也可能正在搜索最佳的参数设置。

元搜索的观点很有用，因为它阐明了搜索算法如何工作，以及它与人工智能研究人员如何创造算法之间的联系。二者背后的联系是，人工智能研究人员对搜索的专业理解，也适用于整个人工智能领域的新算法搜索。换句话说，搜索在人工智能的最佳算法中如何编程，应该与研究人员如何搜索新算法之间存在某种联系。因为不管是搜索算法还是搜索参数，本质上都是搜索。但事实证明，人们很少探讨或关注人工智能研究的这个元层面。也就是说，很少有人谈及人工智能领域的搜索，与从搜索算法所获得的洞见之间的联系。虽然人工智能领域的许多论文，都分析了是什么让搜索在算法层面发挥作用，但很少有人讨论人工智能领域对算法本身的元搜索。但事实上，类似的原则也必须适用于此。毕竟，无论在什么层面上，搜索仍然是搜索。

你可能会认为，编写出世界顶级搜索算法的专家，也能够熟练地指导人工智能领域的搜索。因此，一个有趣的问题是，人工智能领域的搜索专家，是否能够避免追逐过于高远的目标，避免被这个失灵的指南针牵着鼻子走；或者连人工智能领域的专家都无法幸免，也会像其他人一样，被目标的诱惑性吸引。

***

为了探索目标的欺骗性是否会成为人工智能领域的一个真正的问题，我们可以先看看人工智能领域实际上是如何开展人工智能算法搜索的。正如我们在本书中讨论的那样，搜索背后的关键概念是遵循一个梯度：一种浏览的路径或一条强度递增的路径。在目标驱动的搜索中，梯度指的是从坏到好排列的一系列性能指标。在新奇性搜索中，梯度就是新奇性递增的过程。那么，人工智能的研究人员在搜索新算法时，遵循了什么梯度呢？

开展人工智能领域的研究，往往意味着研究人员首先需要确定哪些算法最有前景，然后再通过某种方式对其进行完善或扩展。人们希望这个过程能够产生更新或更好的算法。但要判定人工智能算法的"最富前景性"，最适合用什么标准来对它们进行分级呢？选择有待进一步探索的算法，标准应该是这些算法的行为或表现。所以此处潜在的风险是，如果仅仅用一个简单的目标来指导整个人工智能研究领域的信息，就会产生欺骗性：以性能测试为评判标准时，某一算法可能看起来"前途无量"，但它可能最终无法产生更好或更有趣的结果。当然不可否认的是，根据算法在一项简单测试中的表现来排名，能使我们更轻松地做出决策，但由于目标欺骗性的存在，只关注那些在测试中表现最佳的算法，也不太可能给我们带来任何突破性的成果。

我们可以将人工智能研究人员遵循的梯度，视作他们用来判定最佳算法的标准。指导人工智能领域搜索的经验法则，用一个行业术语来描述，就是启发式搜索（heuristic）。尽管没人能够确定哪种启发式的方法能够在实现高级人工智能方面取得最佳效果，但人工智能领域基本上确定了两种具体的方法。第一种，我们称其为实验派启发式方法，它遵循的经验法则是：一个算法的潜力和前景，取决于其在实验中的表现。换句话说，一个值得进一步探索的算法，在基准任务中的表现，一定要优于现有算法。人工智能领域的基准任

务，与其他领域的基准任务的本质并无不同，比如计算机的
运行速度、运动员的跑步速度、汽车的每英里耗油量等。科
学家们为人工智能设定基准时，遵循的基本想法是，一个更
智能的算法要比一个相对较次的算法能更快地解决问题。除
了实验派启发式方法，人工智能研究领域的第二个主要梯
度，是定理派启发式方法。根据此法，如果一种算法能够被
证明具有理想的属性，那么它就是最好的算法。这种方法背
后的逻辑类似于售卖汽车零部件时随附的质保凭证，即通过
数学验证，证明算法在理论上具备可靠和可预测的性能。

最重要的是，这两种启发式方法对人工智能领域的研究
都有着深刻的影响，即使你个人不喜欢这两种方法，或意图
提出自己的理念，在不尊重这两种方法的情况下，你的诸多
想法也不可能得到发表。因为在人工智能领域，就观点发表
拥有决定权的把关人，通常将二者视为铁律，并以此衡量所
有相关的想法。如果一个算法，既不能提升性能，又不能提
供保障，就很难通过把关人的审核，因此有可能永远都不会
在整个人工智能研究领域得到传播。因此，人工智能领域通
行的这两个主要的启发式方法，在"对想法的探索"方面有
着巨大的影响。

但这种情况并非人工智能领域独有的现象，每个研究领
域，都依赖某种启发式方法来筛选不断涌现的新想法，只是
其他领域的方法可能与人工智能领域采取的具体措施不同。
各个领域的评审员，在决定是否发表一个新观点时的依据，

必须是该行业的经验法则，因为人们无法确定这个新观点在未来的道路上能走多远。因此，随着时间的推移，每个科学研究领域的文化，都会自然而然地聚拢到一些主要用于筛选新想法的经验法则上。尽管特定的启发式方法会因不同的科学领域而有所差异，但从指导人工智能研究的特定经验法则中，我们也可以学到很多东西。这个领域的案例研究，可以阐明用于判断新的科学研究的经验法则可能普遍存在的问题。如果在人工智能研究领域，即使其研究人员是搜索方面的专家，也无法摆脱这些问题，那么其他领域更可能会受到类似错误的影响。

然而，人工智能领域开展研究的方式也存在问题，这种情况并不明显，因为无论是实验派还是定理派，两者的启发式方法看起来都完全合乎逻辑。首先，有些想法的确很糟糕，将它们传遍业内只会浪费所有人宝贵的时间。为什么我们要学习一个表现明显更差的算法，或学习一个不保证产生任何积极成果的算法？即便这个算法的表现可以改善，或最终可以证明它能够带来一些益处，那么直接让其作者对算法进行修正，然后提交修正后的算法，不是更好吗？如此一来，就能避免太多人把时间浪费在有问题的算法上。这些论点如此明显，以至于人们几乎从未提出类似的观点，毕竟，谁会需要去论证"表现较差的算法应该得到较少的关注"这样的观点呢？几乎没有人，因为这是常识。然而，设定目标是指导搜索的一种好方法，在大多数人看来也是一种"常识"，所以我们要小心常识背后隐藏的危机。

我们来看看实验派的启发式方法。此方法背后的逻辑是，只有当一个新算法的表现超越了当前的最佳算法时，它才能被认定为"有潜力"。而事实证明，评审员对人工智能领域提出的新算法最常见的批评便是这些算法的表现不够出彩或不够明确。许多评审员认为，为了展示一个新算法的潜力，它应该始终与旨在解决多种不同的挑战性问题的不同最佳算法进行比较。所以评审员在驳回一篇关于算法的论文时，可能会写下这样一段话："作者还应该将新方法与现有的、可靠的方法进行比较"或"作者还应该在相关难点问题上开展实验，以确保这个新想法的确是一项重要的进步"。身为人工智能领域的从业人员，我们两位作者自己也有过类似的想法！

但这种习惯可能很危险，正如约瑟夫·胡克（J.N. Hooker）所写的那样："大多数启发式算法的实验研究更像进展追踪，而不是科学探索[126]。"回顾一下，人工智能是对搜索算法的搜索，即元搜索。因此，考虑到其元搜索的本质，总是因为新想法的表现不够突出而将其驳回，可能不是一个好主意。回想一下，我们在本书第五章中已经论述了，相较于表现这个启发式的方法，新奇性搜索的表现显然更佳，我们就没有理由怀疑，同样的启发式方法，在更高层次上的运用（即指导整个人工智能领域的搜索，而不仅仅是单个算法的搜索），就能够避免那些困扰目标驱动搜索的问题。在决定哪些算法应该推广至更大的科研领域时，若"算法的表现"成了评判的经验法则，那么所有其他类型的踏脚石都会被驳回或忽略。当然，如果对"算法的表现"的批评，仅仅是批评而不是驳回的标准或理由，那就是另一回事了。但由于"表现"已经被大多数人视为过滤新点子的工具，它也就沦为一个典型的具有欺骗性的目标函数。

想象一下，有一种多年来人们用以训练机器人完成困难任务的最流行方式，其被称为"老靠谱"（Old Reliable）算法。然后有一天，一群科学家发明了一种叫做"超自然"（Weird）的新算法。虽然"超自然"算法教给机器人的技能与"老靠谱"算法相似，但新算法却非常新颖。然而，试图决定"超自然"算法是否应该被发表的期刊评审员，以前没有见过类似的东西。为了加大评审过程的复杂性，让我们假设作者在提交研究论文中，描述了新算法"超自然"在标准基准（如教机器人如何行走）上的表现，比"老靠谱"算法差 5%。这类比较在人工智能领域很常见：也许"超自然"算法在学习如何行走方面需要多花费 5% 的时间，或者它学习的行走步态不稳定性超出了 5%。

因为它的表现更差，实验派启发式方法认为应该驳回"超自然"新算法的发表。毕竟，在人工智能领域，涉及新研究的论文，通过大肆报道一个新算法的表现更差来宣传新观点，也是很罕见的操作。大多数作者甚至不屑于提交这种研究，因为他们很清楚，实验派启发式方法，是人工智能研究领域的一个强大过滤器。因此，如果一个新的算法，在一个基准上的表现，比不上它的竞争对手，新想法的发明者往往会试图改善它的性能，或找到一个更有利的基准进行比较。

但假设作者很固执，在提交的论文中，"超自然"算法的表现还是差了 5%。审稿人可能因此直接拒稿，但以此为由驳回"超自然"算法就真的合理吗？它是一个全新的研究方向，充满了新的想法。关键的问题是，如果驳回了"超自然"算法，那么就没有人能知道它。更糟糕的是，将没有人去进一步探索"超自然"算法所开辟的踏脚石，以及其后续可能带来的踏脚石。因此，实验派的启发式思维是短视的。它对"超自然"算法的评判标准，是基于其当前的价值，而不是它为人工智能研究开辟新未来和新道路的价值。但因为它的后续潜力没有得到认可，"超自然"算法和所有后续可能会衍生出来的算法，都被扫进了学术垃圾箱，从此无人问津。这类"一刀切"式的评判，也砍掉了很大一部分的"搜索空间"，即所有人工智能算法的未来空间。那些被砍掉的空间，将永远不会被探索，因为它们只能从那些"表现"并不出色的算法中获得。

如果你认同我们在本书中所说的大部分内容，那么你可能会认为，考虑到"超自然"算法的创新性，无论它与"老靠谱"算法相比的结果如何，都应该被接受。但这里有一个更大的问题：我们为什么要把"超自然"算法与"老靠谱"算法相比？这种比较只会分散我们的注意力，使我们忽略"超自然"算法本身就是一个有趣想法的本质，而这可能是一个更好的关注点。然而，现实情况下，为了通过实验派启发式评审员的筛选，研究人员必须进行这些导致焦点偏离的比较。

我们可以从一个略显滑稽的角度来理解这种比较。想象一下，一个发条玩具和一台人形机器人在赛跑，尽管人形机器人已经竭尽全力地追赶，但发条玩具实在是跑得太快了，并以显著优势获胜。回过头看，这场赛跑对人形机器人的研究意义何在？我们是否应该彻底抛弃对人形机器人的研究，直到它们能够在赛跑中击败发条玩具为止？当然，这个比赛结果其实根本没有任何意义，因为发条玩具和人形机器人之间的差异，不亚于苹果和橘子的差别。但这就是实验派启发式方法的最大问题：我们对人形机器人感兴趣的原因，与它们同发条玩具的赛跑表现无关。同样，我们对"超自然"算法感兴趣的原因，可能与其同"老靠谱"算法表现的比较结果无关。或许我们不愿意承认，但什么是好的踏脚石，实际上比我们想象的更难以预测，并且似乎不存在什么简单的成功公式。一个基于目标的启发式方法，如通过一系列基准任务的表现来衡量一个新算法的潜力，可能会让人很省心，因为它提供了一个明确的原则，使我们能够很轻松且不费脑地判断一个新算法是否值得传播。但基准并不能说明为什么一个研究方向会比另一个研究方向更有趣，或更无趣。

过分依赖实验结果和比较的问题在于，它们可能具有高度欺骗性。"超自然"算法很可能是人工智能革命的新火种，但它却因为 5% 的技术表现问题，而失去了被进一步探索的可能性。而发条玩具和人形机器人之间的竞赛无疑是愚蠢的，因为我们不可能从二者的比较中学到任何东西，因为人形机器人本身是很有趣的，无论它们在竞赛中的表现与发条玩具相比有多么糟糕。所有这些都表明，有时实验派启发式方法就像之前提到的"中国指铐"整蛊玩具：松开指铐的正确的做法，是把手指用力往里推，然而目标欺骗性的表象总是诱导我们要用力往外拉，因为"往里推"这种正确的做法一开始在目标函数上的得分表现就比较差。

问题的根源在于，实验派启发式方法，是由一个目标驱动的方法，而这个目标通常会阻碍进一步的探索。在这个案例中，实验派方法背后暗含的目标，是"完美的表现"，所有的新算法都要根据这个目标来衡量。如果新算法在表现上还有改善的空间，哪怕只是一点点，它们就会得到承认和发表。但是，如果它们不能在表现上取得进展，就会被驳回并被忽略。最终导致的结果就是，人工智能领域也被卷入了一个典型的目标驱动型搜索中——其背后的驱动力是：假设目标驱动型搜索运作良好。但实验派启发式方法由如此简单的目标驱动，以至于今天很少有人工智能研究人员，会真正采用基于这种天真的启发式方法的算法。

虽然搜索的算法已经变得更加复杂，可以削减一定程度的欺骗性，但涉及人工智能研究人员本身作为一个群体在搜索中的行为时，这些见解并没有得到应用。因此，即使简单的实验派启发式方法的欺骗性已经显而易见，人工智能领域的探索还是一如既往地受其驱动。不知何故，人们仿佛忘了质疑其合理性。事实上，这种奇怪的脱节也表明，较为简单的目标驱动型方法是多么有吸引力，即使是搜索理论的专家群体也依然甘心受其驱使。

还有另一种角度，可以帮助我们看穿实验派启发式方法存在的问题，即通过思考"搜索空间"。在这种情况下，"搜索空间"就包含了所有可能的人工智能算法。因此，"老靠谱"算法和"超自然"算法都是这个大空间中的一个点。回想一下我们在本书第一章中提到的，包含所有可能事物的大房间的概念。在人工智能领域的这个大房间充满了各种算法，从这面墙到对面墙，从地面到天花板，层出不穷。请记住，这个由算法组成的大房间的布局，包含了一定的逻辑。沿着一面墙，你可能会发现一个简单的算法，以递增的顺序对数字列表进行排序；而紧挨着它，你可能会发现同一算法的轻微变体，以递减的顺序对列表进行排序。

因为这个房间包含所有的算法，在这个广阔空间中的某个地方，有我们熟悉的"老靠谱"算法，它周围存在着类似的算法。而在远处另一个角落的是新来者，即"超自然"算法。这个场景想要展示的是，实验派启发式方法经常要求我们在一个巨大的"搜索空间"中比较两个遥远的点之间的性能和表现，这就像人形机器人和发条玩具之间的赛跑。而在大多数搜索中，以这种奇怪的比较方式为指导是没有意义的——它不能帮助我们决定，在大房间里应该朝着哪个方位去搜寻。只因为梵高画出了《星空》这幅传世佳作，我们就不去欣赏米开朗基罗的《大卫》吗？只因为有了火车，我们就应该停止发明更好的自行车吗？橙子的存在，并不是停止培育苹果的理由，即使你个人更喜欢橙子。当然，有些人会继续培育更好的苹果，也有些人会培育更好的橙子，两个方向的探索都符合所有人的利益。

反过来说，我们也并不是建议大家都不应该去研究"老靠谱"算法是否比"超自然"算法更优秀。二者比较的结果可能仍然会给某些人带来启示——尽管它在指导算法的搜索时，可能会造成欺骗性。要了解背后的原因，就要考虑到人工智能行业研究人员和实践者之间的区别。研究人员着眼于开辟未来的创新道路，而行业实践者则希望当下就解决现实世界的实际问题。行业实践者不会试图编写新算法，而是审视当前可用的算法，然后选用其中的一些来解决当前的问题。前者就像发明新的实验性汽车类型，后者就好比是从经销商处选购一台已上市的汽车。行业实践者更像是一位人工智能用户，而不是人工智能的研发人员。二者之间重要的区别是，行业实践者不参与寻找新的算法。对他们来说，手里有现成的问题解决方案就万事大吉，即确保现有的最佳算法能应付当下的需求就足够了。因此，你可以看到"老靠谱"算法和"超自然"算法之间的比较，可能会帮助行业实践者在当下做出明智的选择。如果在实践者待处理的某一问题上，对两种算法进行基准测试，若"老靠谱"算法的性能比"超自然"算法高出 5%，那么他们就应该使用"老靠谱"算法而不是"超自然"算法。但是我们不应该让这种区别混淆视线，因为对行业实践者而言最好的东西，不一定是研究人员的心头好，就好比一位汽车研究人员，不应该因为发现悬浮喷气式汽车原型机比福特金牛座更耗油就放弃继续研究。

需要再次强调的是，我们的目标是了解研究人员如何判断新算法是否值得探索，更重要的是，我们想了解这些判断，如何决定探索哪些踏脚石，以创造更新的算法。因此，一位只求"利在当代"的行业实践者，他感兴趣的东西对于一位立志"功在千秋"的创新者来说，并不是正确的指南针。也许这两种角色（行业实践者和研究者）之间的混淆，帮助我们理解了实验派启发式方法是如何主导人工智能的研究方向的（以及类似的经验法则，如何主导了许多其他领域的研究）。对行业实践者来说，"性能表现"的确是一项比较适用的评判标准，但对研究者来说，这个标准就不可靠了，因为它充满了欺骗性。

但正如前文所示，实验派启发式方法并不是唯一发挥作用的因素。寻找人工智能算法的另一个主要经验法则，是定理派启发式方法，其核心思想是，具备更可靠的理论验证的算法就是最具未来探索潜力的算法。事实上，一些研究人员认为，定理派启发式方法是比实验派启发式方法更好的选择，因为它提供了不容置疑的保证。实验派启发式方法并没有证明"老靠谱"算法何时会优于"超自然"算法，或者二者比较的结果，在多大程度上取决于特定的设置——它只是表明，在某些情况下"老靠谱"算法更好。理论结果（依赖于数学证明的结果）的优势在于，它们总是包含了理论成立的各种条件。因此，只要这些条件得到满足，那么在某种程度上，我们就能知道算法有望得到怎样的结果。但是，即使"理论验证"看起来像是一个坚实的基础，事实证明，定理派启发式方法也是有缺陷的。也许更令人惊讶的是，当它被用来指导人工智能算法的搜索时，它存在的缺陷与实验派启发式方法并无不同。

但在我们指出这个缺陷之前，还需要再解释一下"定理派启发式方法"，这个短语本身就有些奇怪，"定理派"和"启发式"这两个词似乎是矛盾的。正如人工智能领域的研究人员都知道，启发式方法是经验法则，那么，"得到理论验证的经验法则"有什么意义？虽然启发式方法可能在大多数时候能够发挥作用，但它们往往不能保证进步。但反过来看，数学定理确实提供了保证，所以它们不能以同样的方式受到质疑。就好像人们可能会质疑一个特定的启发式方法在某个问题上是否真的有效，但质疑一个特定的定理是否仍然是真理并没有意义。因为一个定理被证明为正确之后，它将永远是正确的。定理的这种可靠性，也是它对人工智能领域如此具有吸引力的一个原因。如果我们能证明一个特定的算法，在某些条件下会成立，那么由此产生的保障性，是永远都无法被否认的。所以在"定理派启发式方法"这个短语中，启发式的不确定性，似乎与定理的绝对确定性产生了冲突。

但这个短语在本案例中的确适用，因为这两个词分别作用于人工智能算法的元搜索的两个不同层面。"定理派"这个词，适用于单个算法，旨在确定特定算法是否具备良好的保证。相较之下，"启发式"这个词适用于通过人工智能算法开展的搜索，即经过大量可靠验证的算法，往往会成为很好的踏脚石。然而，我们需要再次意识到，涉及"元"概念的东西都很难把握，但其内在逻辑其实很简单。人们只是将定理（理论部分）当成评判什么是好算法的经验法则（启发式方法的部分）而已。然而重要的是，研究人员不应该只关注人工智能算法的特定定理，甚至最好不要特别关注特定的人工智能算法本身。事实上，整个人工智能研究领域，整体应该专注于探索所有人工智能算法的空间，并发掘出有潜力的踏脚石。因此，我们真正应该探讨的，是如何运用定理来指导人工智能算法空间的探索。一个算法的良好理论结果的数量，应该成为人工智能领域进行的更高层次的算法搜索中的启发式方法。在其他条件相同的情况下，人工智能领域通常更倾向于选择具有更多理论保证的算法。

例如，假设某位理论家证明了一个关于"老靠谱"算法的新定理。这个新定理保证了"老靠谱"算法将能够合理地、快速地生成一个可接受的结果，那么此定理就是人工智能理论家研究的目标，因为它向行业实践者承诺，算法一定能够生成一个合理的结果。因此，行业实践者选择一个有许多定理支持的算法，而不选择一个没有定理支持的算法，是符合逻辑的做法。但是，仅靠一种特定算法的定理，并不保证研究人员在搜索算法空间时能发现涉及后来算法的东西。换句话说，虽然这个新定理是关于"老靠谱"算法的，但它并不能保证"老靠谱"算法在未来会衍生出一系列新的"踏脚石"算法。该定理既不保证后来的算法会具备同样的可靠保障性，也不保证其一定会比原版"老靠谱"算法更好，即使它们被证明的确更可靠。

虽然理论家可能会辩驳说，该定理的优点是：任何后来的算法，只要遵守相同的假设，就会继承原版算法的可靠性。但这对于鼓励探索新的想法来说，未必是好事。它意味着整个人工智能研究，变得只限于那些遵守相同的、不断增长的假设集的算法，导致元搜索对每一条打破该假设的前进道路视而不见。最后的结果是，探索的范围缩小了，目标的悖论再一次成为主导。

问题是，理论专家提出的前述定理，并不能解答"人工智能领域接下来应该做什么"这一问题，它只是关于某个特定算法的定理。这个算法，不过是所有可能存在的算法构成的巨大"搜索空间"中的一个点。所有人或许都已经知道，对一个没有证明能够提供良好表现的算法进行微调，就可能创造出一个比"老靠谱"算法表现得更好的算法。一个算法的可靠性，并不能说明未来可能衍生出的其他算法也同样可靠。因此，由于"老靠谱"算法得到了定理的论证，就将其认定是一个有前景的"踏脚石"算法这一结论，只有在这个特定的定理包含了可以证明该算法能带来其他更有潜力的算法的内容时，才能够成立。无论何时，不管你选择依赖于哪种经验法则，都不要忘了你在很大程度上，依然依靠着直觉做判断。无论你倾向于相信"表现"，或者"理论保证"，它们其实就是两种直觉，用于判断哪些算法是有潜力的踏脚石。定理派启发式方法的主要问题是，特定定理只适用于特定算法。因此，一个算法的定理数量，不过是判断它能否作为新算法踏脚石的一项经验法则。最终，我们也将无法说服自己，确信定理派启发式方法会比实验派启发式方法更可靠。

另一个问题是，定理派启发式方法，会假设算法的"搜索空间"存在一种特定的结构。这个假设是，一个算法具备的有潜力的定理越多，它就越接近人工智能研究的终极目标。但这种信念也只是一种假设，因为在人工智能研究人员正在探索的巨大"搜索空间"内，没有人能够确定，关于算法的定理会向我们指明，人工智能的最崇高目标就在触手可及的地方。即使"老靠谱"算法在"表现"方面有定理的保证，而"超自然"算法没有，这并不意味着"超自然"算法不重要。即便"表现"平平且缺乏保证，它也可能是非常新颖的，而且引发了一些有趣的新问题。如果"超自然"算法确实有潜力，那么为什么要忽视它呢？过分相信定理派启发式方法，只会推迟（或阻碍）人们去探索隐藏在"超自然"

算法背后的新理念。

但是有些人可能会说，我们应该坐等"超自然"算法的"表现"验证定理出现，这样我们就不会把时间浪费在未经验证的算法上。不过我们为此可能要等上好几年，因为要验证一项宏大的理论结果并非易事，而且哪些保障最终可以被证明有效，我们永远也无法确定。因此，如果"超自然"算法可能衍生出一种新的算法，其趣味性的来源与"超自然"算法的"理论保障"无关，那么等待的代价不过是我们浪费了几年时间才最终找到了超"超自然"算法，人工智能领域的发展，也因此而被稍稍拖了几年后腿。当然，人工智能的行业实践者可能会欣赏"超自然"算法提供的保证，但需要再次强调的是，这些行业实践者并没有参与到人工智能的探索中。因此，尽管定理很有趣，但我们无法确定性能表现保障（或任何其他保证）是不是指导搜索的正确信息，特别是在探索所有人工智能算法构成的"大房间"这种广阔而复杂的空间时。

最终，我们不得不面对这样一个令人不安的事实（尽管读到此处，我们已经对其非常熟悉了），即我们无法确定任何经验法则能否成为追求实现人工智能目标的可靠指南。当然，这并不意味着所有的实验或定理都毫无价值。同样，它们只是众多可能线索构成的汪洋大海中的一颗小水滴。虽然更好的"表现"或更惊奇的新定理，可能是令人印象深刻的成就，但"令人印象深刻"也不是实现搜索中特定目标的可靠指南。

发条玩具与双足机器人相比，奔跑速度之快令人印象深刻，但它不可能最终成为通往机器人技术革命的桥梁。

定理派启发式方法的核心逻辑，是这样一种理念：确保一个算法在理论上"有保障"，就一定能够带来更多、更好的保障，并在此基础上，通过人工智能算法的空间确定了一个目标梯度。如果我们相信这个目标梯度，如果它真的有效并且不会有欺骗性，那么它最终将产生强有力的保障，从而实现人工智能的终极目标。但是，一组越来越有"保障"的踏脚石，就可以为我们铺设一条通往人类智力水平相当的人工智能的道路，这个假定真的成立吗？事实上，有些真理是无法证明的[127]。就我们所知，即使是最强大的人工智能算法，也无法提供任何"保障"。

毕竟，自然进化确实孕育出了人类智慧，但在其整个史诗般的运行过程中，它从未证明过任何一个定理。即使没有提供任何定理，进化也收集了一块又一块踏脚石，最终架起了一座通往人类智能的桥梁。当然，这个故事并不能证明定理派启发式方法是一种糟糕的梯度，但它确实表明，我们不需要定理也同样可以不断地扩展探索的深度。至少发人深省的是，推动了人类智力产生的这一有史以来最强大搜索，在一路上没有使用任何定理。更深层次的问题是，定理派启发式方法在人工智能算法的空间中，创造了一种目标驱动型搜索，而历史经验已经告诉我们，这些类型的搜索在复杂的空间中通常有糟糕的表现。

实验派启发式方法和定理派启发式方法不只是经验法则。它们不仅仅是科学家们在黑夜中独自摸索时使用的工具，还是人工智能领域的把关人手中挥舞的铁尺。把关人设定的衡量标准，决定了哪些想法足够优秀且值得分享。无论你是否喜欢这些"铁尺"，无论你是否想使用它们，无论人工智能是否真的沿着它们设定的路径发展，如果你提出的想法不能在某种程度上满足它们的规定，那么想要公开发布和分享个人想法，便可能是一场艰苦卓绝的战斗。如果你的算法表现得比现有的算法差，那么向他人论证你的算法存在的合理性将是一个备受煎熬的过程。如果你没有将自己的方法与其他人进行比较，那么大多数评审员都会把它当作未经证实的方法而直接否定它。如果你没有定理来支持自己的新想法，便很难说服人工智能理论家，让他们相信你的新想法值得所有人关注。这样做的后果很严重，这把"铁尺"迫使整个人工智能研究领域的人，只能通过这些启发式方法规定的狭隘踏脚石往前探索，并将所有不符合的可能性通通扼杀。

正如我们所看到的那样，这些启发式方法实际上阻碍了发现和进步，因为它们只有在目标的欺骗性四处泛滥的情况下，才能发挥积极作用。为此，我们将一如既往地遭遇同一个问题：是否存在一个有潜力的、非目标的替代方案，可以取代当下在人工智能领域大行其道的目标驱动型搜索？是否有一种更类似于寻宝者的非目标驱动型方法，可以指导人工智能研究，即一种尊重踏脚石的内在特性，而不是欺骗性、机械性的启发式方法？

要回答这个问题，我们需要从头开始，重新思考我们首先应该寻求的是什么。什么才是真正"好的"人工智能算法？人工智能研究领域如此专注于算法的性能表现，甚至到了"一叶障目，不见泰山"的程度。一个好的算法，并不在于其出色的性能表现，而是要能引导我们去思考其他算法。人工智能的终极目标位于迷雾笼罩的湖面的彼岸，而它离我们依旧十分遥远，所以我们不应该如此专注于把"性能表现"当作衡量标准。目前的算法智能化水平与人类相差甚远，我们目前的探索行为好比本书第四章中提到的思维实验，即给细菌做智商测试，以期发展出接近人类的智力水平。我们不应该关心"超自然"算法是否比"老靠谱"算法好。相反，我们应该问"超自然"算法是否带来了新的超"超自然"算法，且后者可以沿着任何有趣的维度（不仅仅是性能）继续扩展衍生新的"超自然"算法。例如，超"超自然"可能会创造出比"超自然"算法看上去更像现实世界大脑的类脑结构，即使它的性能表现更差。我们应该仅仅因为其性能表现比较差，而放弃这个新的想法吗？人工智能研究领域的本质，毕竟是在进行搜索，而搜索的功能，则是发现新事物。实验派和定理派启发式方法，能找到的东西比较有限，因为它们筛掉了许多有趣的算法。

这就是为什么人工智能的期刊上，随处可见关于性能改进的内容，而每位参加会议的人工智能研究者汇报的内容差不多都是：自己如何通过各种复杂的技巧，将算法的性能表现提升了 2%。或许一个解决方案是让会议评委驳回更多的论文，因为 2% 的性能改进实在是太微不足道了，不值得放到大会上来宣扬。但真正的问题是，没有人会持续地关注这些算法，因为通过细枝末节的调整，挤出最后一丝性能提升空间的做法，并不会带来令人振奋的洞见。另外，这些纯靠挤压性能提升空间来撑场面的算法，本身并不能算是"优良"的踏脚石。就像人类历史上所有的伟大发明那样，所有被历史记住的算法，必然是为未来的开拓者奠定基础的算法。它们将推动新算法的诞生，甚至帮助我们开辟全新的领域。到那时，谁还会在乎这些新算法在刚开始出现时，与"老靠谱"算法比较时的表现如何呢？

痴迷于性能表现的提高，可能还会产生另一个负面影响，即"同行就是冤家"，它会致使研究人员之间产生狭隘竞争。然而科学研究并不是一场田径赛，这种狭隘的竞争思维，往往会导致人们分散对人工智能领域真正目标的注意力。相较于竞争，研究人员更需要的是携手合作，共同探索人工智能算法的无限空间。但目前经常发生的现实情况是，一位研究人员致力于证明自己的算法比业内当前的"头号算法"表现得更好，之后就会有另一位研究人员，绞尽脑汁地继续争夺新一任的"天下第一"。例如，假设在一个得到广泛认可的基准测试中，"超自然"算法比前任王者"老靠谱"算法表现得更好，那么一位个人英雄主义爆棚的研究者就会横空出世并试图力挽狂澜。这位"大英雄"会证明，实际上有另一种名为"转移（Diversion）"的算法，在不同的基准测试中击败了"超自然"算法，于是后者便从云端一下子跌落到了尘埃里，因为它已经不能被称为最好的算法。尽管这位英雄澄清事实的举动出于善意，但这种围绕基准的激烈竞争分散了我们的注意力，导致我们只专注于性能表现的比拼。如果"超自然"算法是真正的突破，是通往新领域的踏脚石，那么它与"转移"算法之间的争斗，不过是一场不值一提的小打小闹，因为真正的大手笔，应该是对"超自然"算法的后续探索，即它衍生出的超"超自然"算法。同样，在人工智能研究领域，踏脚石才是真正万众瞩目的巨星。

***

从这个人工智能的案例研究中，我们已经了解到目标的启发式方法如何限制了科学领域的探索。但是，即便我们接受了这些缺陷，在没有任何指南针的情况下，一个学科领域如何能够繁荣发展？在人工智能领域，我们是否能够就人工智能算法进行某种"新奇性搜索"？没错，这的确是一个可能的路径，但需要彻底地改革人工智能领域的研究，才有可能付诸实践。

回想一下本书第五章提到的图片孵化器网站的案例，在这个"社区"里，没有设定任何规则；没有邀请专家小组来评判某位用户的照片是否真的值得分享；没有发布任何严格的目标性标准来决定哪张照片是"最好的"；没有任何制度来规定，每张发布的图片，必须与竞争对手的图片进行比较，以求分出个好坏优劣，或者让作者必须在"社区"内证明自己图片的价值。在图片孵化器网站上，不存在前述任何形式的审查或权衡。即便如此，图片孵化器"社区"还是能找到前人没有找到的新东西：复杂的数学表达式（这就是图片孵化器网站的"DNA"），它们描述了非常有意义的图片，即枯草堆里的那根针，所有那些指向可能图片的东西。没有人能够独自在图片孵化器网站上培育出骷髅头图片，这需要举全"社区"之力，而它必须是一个不存在目标驱动型"把关人"的"社区"。

你可能会觉得，这是一个"错误的类比"。毕竟，选择有趣的图片，并不像人工智能研究那样，要求一定的专业知识和经验。在人工智能领域，我们不可能盲目地允许任何有着疯狂想法的人，直接向整个业界公布他们的算法（前提是他们拿出来的东西称得上是算法）。实验派和定理派启发式方法，可以保护我们免受这种疯狂但毫无意义的想法的冲击。要求想法的创意者提供某种程度的性能表现证明，至少能确保他们的算法不是一个骗人的"绣花枕头"。

尽管这种说法听起来很合理，但它忽略了一个关于人工智能研究人员（以及所有其他正常人）的关键事实，即我们都是有脑子的人，所以"我们必须通过遵循严格的目标规则，以保护自己不受潜在疯子的影响"，这句话说得不是很奇怪吗？如果没有目标驱动的启发式方法，我们再看到胡编乱造的创意时就无法识别，这真的是事实而不是狡辩吗？当然，专业知识在科学领域研究中的确非常重要，就像你希望乘坐的越洋飞机是由工程专业的专家设计出来的那样。然而专家（而不是什么随机选择的人）在做决定时应该考虑"其他专家可能希望看到的内容"。但是，将这些决策权留给目标驱动的启发式方法，并没有尊重专家的作用，而是否认了专家的作用。对于专家而言，这甚至是一种侮辱，因为此举无疑是在暗讽专家们都是很容易上当受骗的人。此举同时还等于承认了，整个研究领域，只能通过这些启发式的方法的筛选，才能避免被疯狂且不切实际的想法淹没。换言之，如果启发式方法是必要的，那么我们就默认专家们不存在任何理性判断的能力。那么，这样的"专家"，是否真的能够被称为专家呢？

当然，这并不是说专家们不值得信任。真正的问题在于，实验派和定理派启发式方法就像社会上许多目标驱动的措施一样，成了我们懒得动脑子进行理性判断的借口，哪怕是专家们也不能幸免。如果评审员不喜欢的算法表现得比他们喜欢的算法差，那么他们就可以无脑地否定前者，而如果前者表现得更好，评审员就可以简单粗暴地要求发明人把自己的算法多与其他算法进行比较，否则就不给过审。当专家们拒绝使用理性的判断时，关于新想法的讨论就从"什么使算法变得有趣"这一实质性问题上转移开了。关注的重点被转移到"搜索空间"中一个简单的目标标准，类似一场双足机器人与最新版发条玩具之间永无止境的赛跑。以简单的经验法则为标准，评估新想法恰好是一个更方便的方法，而深入地研究想法，并考虑它们在未来可能带来的东西，是一项艰巨的脑力劳动，尤其是对于大多数人都不熟悉的新颖想法而言。

因此，让我们在这里进行本书最后一个思维实验。假设在人工智能研究领域，有一本不同寻常的期刊，题为《人工智能发现期刊》（简称 JAID）。但与人工智能领域的其他期刊不同，该期刊的审稿人在其评论中不得提及任何与实验结果有关的内容。向《人工智能发现期刊》提交研究报告的作者们，可以像往常一样在文章里写上定理派和实验派启发式方法的结果，但审稿人不能像以往一样，以这些结果为基础进行评审。因此，审稿人不得以一个新算法的性能表现比另一个算法差为理由而做出单方面的批贬。审稿人也不能要求作者提供更多的比较数据和基准测试数据（因为这些结果对《人工智能发现期刊》来说并不重要），更不能抱怨作者没有提供理论上的保证，还不能批评说新想法在理论层面的结果不够出彩。但在这些规则之外，审稿人可以随心所欲地争论这个想法是否应该发表。更重要的是，这些评审员并不是随机选择的，而是从人工智能研究人员的精英中挑选出来的。

现在，我们要回答的问题是，在《人工智能发现期刊》上发表的文章，比在该领域最著名的期刊上发表的文章差吗，还是说它们要好得多？如果你是一名人工智能研究人员，知道《人工智能发现期刊》的审稿人不能从性能表现或理论保障角度对作者提出任何褒贬，你会读《人工智能发现期刊》的文章吗？

《人工智能发现期刊》所做的，是挑战并要求其审稿人专注于文章的主旨内容。审稿人将从人工智能的实验派和定理派启发式方法中解脱出来，这意味着他们只能去思考文章的核心思想，并判断它是否足够有趣。如果文章主旨是有趣的，那么它可能会是一块好的踏脚石。这些审稿人拥有人工智能研究领域最聪明的头脑，他们深入思考的重点应该是文章里的观点是否能改变人工智能领域的未来。因此，他们的大脑必须去消化理解作者想法背后的真实意图，而不是简单地依赖传统的启发式方法进行评判。没有任何明确的规则，可以让人快速地否定或接受作者们提交来的新想法，对它的评判，需要经历真正的、一而再再而三的考虑和斟酌。

与其猜测《人工智能发现期刊》对人工智能领域的影响有多大，不如探讨一下其中产生的一个有趣悖论。如果《人工智能发现期刊》被证明比最顶尖的传统期刊更差，那么这对身为评审员的"专家"来说意味着什么？但如果《人工智能发现期刊》被证明是更优秀的刊物，那么对于指导该领域的启发式方法又意味着什么？无论是哪种情况，都会有一方存在问题。如果我们只能在目标驱动的模式下思考，那么我们根本就没怎么思考。使用理性思考能力是无可替代的，因为科学无法提供一种一成不变的方法来发掘下一个伟大的想法。最伟大的想法，总是与之前的想法不同。每一块踏脚石的发现，都是一个独特的故事，而每一位发现它的人也都是一个传奇。

任何领域的真正专家都能以开放的心态思考问题，不需要通过僵化的启发式方法来做决定。全盘考虑一个全新的想法的所有细节是很困难的，这需要专注地付出精力和时间，但仍可能有很多微妙的地方容易被忽视，毕竟新的理念或想法可能难以完全被理解和消化。与根据简单的经验法则快速判断结果相比，对某个想法做出公平的评价会更难——这反过来可能也有助于维持现状。如果一个新的想法看起来很奇怪，你可以简单地要求作者提供更多的保证或更好的性能结果，而不是费力地去理解它。提出这样的要求看起来很合理，因为你只是在保护整个人工智能研究领域不受那些不合格的算法的影响。

但是，正如米勒早在 1846 年就意识到的那样，"假设踏脚石会与它们最终通往的地方表现得一样，这就是一个错误[128]。"良好的性能表现并不是通往革命性性能表现的踏脚石，"理论保证"也不是通往"伟大启示"的踏脚石。如果很难想到除了争论性能或保证之外的其他选择，那么事实上还有许多其他重要的线索可供我们考虑：灵感、优雅、激发进一步创造力的潜力、发人深省的构造、对现状的挑战、新颖性、与自然的类比、美感、简捷性和创造力。所有这些对

于一个新的算法或任何其他类型的新想法而言，都是可能的
线索或判断标准，虽然它们可能缺乏目标性，但其说不定正
是进一步解放人工智能领域以及许多其他领域的关键要素。
任何人都可以说性能应该提高，但谁有勇气看到某一想法背
后的美妙之处，而放下对其性能的关注？这样充满勇气的专
家，必然是多多益善的。

参考文献

1. D. Godse and A. P. Godse, *Computer Organisation and Architecture*. Technical Publications Pune, 2009.
2. Wikipedia, "Instructions per second," 2011.
3. S. Okamura, *History of electron tubes*. IOS Press, 1994.
4. J. Levy, *Really useful: the origins of everyday things*. Firefly Books Ltd, 2002.
5. A. Hyman, *Charles Babbage: Pioneer of the computer*. Princeton University Press, 1985.
6. T. E. Larson, *History of rock and roll*. Kendall Hunt Publishing Company, 2004.
7. R. Bolles, *What color is your parachute? A practical manual for job hunters and career changers*. Ten Speed Press, Berkeley, 1984.
8. "Career key test." http://www.careerkey.org, 2012.
9. D. Campbell, "Campbell interest and skill survey (CISS)," *Upper Saddle River, NJ: Pearson Assessments, Pearson Education, Last accessed December*, vol. 28, 1970.
10. I. Myers and P. Myers, *Gifts differing: Understanding personality type*. Nicholas Brealey Boston, 1980.
11. D. Keirsey, *Please understand me*. Prometheus Nemesis, 2007.
12. R. Wiseman, *The luck factor: The scientific study of the lucky mind*. Gardners Books, 2004.
13. J. Hunter, *Johnny Depp: movie top ten*. Creation Pub Group, 1999.
14. "John Grisham: The official site." http://www.jgrisham.com/bio, 2012.
15. C. Kirk, *JK Rowling: a biography*. Greenwood Publishing Group, 2003.
16. J. Rubin, *Haruki Murakami and the music of words*. Vintage Books, 2005.
17. T. Hiney, *Raymond Chandler: a biography*. Grove Press, 1999.
18. R. Martin and A. Bailey, *First Philosophy: Fundamental Problems and Readings in Philosophy*, vol. 3. Broadview Press, 2011.
19. P. Brown, S. Gaines, and A. DeCurtis, *The love you make: an insider's story of the Beatles*. Penguin, 2002.
20. P. Norman, *Sir Elton*. Pan, 2011.
21. H. Sanders, *Life as I Have Known it Has Been Finger Lickin'Good*. Creation House, 1974.
22. D. Betsworth and J. Hansen, "The categorization of serendipitous career development events," *Journal of Career Assessment*, vol. 4, no. 1, pp. 91–98, 1996.
23. J. Bright, R. Pryor, S. Wilkenfeld, and J. Earl, "The role of social context and serendipitous events in career decision making," *International Journal for Educational and Vocational Guidance*, vol. 5, no. 1, pp. 19–36, 2005.
24. D. Lawrence, *The complete poems of DH Lawrence*. Wordsworth Editions Ltd, 1994.
25. P. Eastwick, E. Finkel, and A. Eagly, "When and why do ideal partner preferences affect the process of initiating and maintaining romantic relationships?," 2011.

26. S. Otfinoski, *Calvin Coolidge*. Marshall Cavendish Children's Books, 2008.
27. N. Sawaya, *The Art of The Brick*. 2008.
28. "Joseph herscher's homepage." http://www.joesephherscher.com, 2012.
29. K. Ginsburg *et al.*, "The importance of play in promoting healthy child development and maintaining strong parent-child bonds," *AAP Policy*, vol. 119, no. 1, p. 182, 2007.
30. A. Rosenfeld, N. Wise, and R. Coles, *The over-scheduled child: Avoiding the hyper-parenting trap*. Griffin, 2001.
31. P. Bahn and J. Vertut, *Journey through the ice age*. University of California Press, 1997.
32. F. Levy, *15 Minutes of Fame: Becoming a Star in the YouTube Revolution*. Penguin, 2008.
33. J. Livingston, *Founders at Work: Stories of Startups' Early Days*. Springer, 2008.
34. D. Sheff, *Game over: how Nintendo zapped an American industry, captured your dollars, and enslaved your children*. Random House Inc., 1993.
35. R. Dawkins, *The Blind Watchmaker: Why the evidence of evolution reveals a universe without design*. W.W. Norton and Company, 1986.
36. H. Takagi, "Interactive evolutionary computation: Fusion of the capabilities of ec optimization and human evaluation," *Proceedings of the IEEE*, vol. 89, no. 9, pp. 1275–1296, 2001.
37. B. Woolley and K. Stanley, "On the deleterious effects of a priori objectives on evolution and representation," in *Proceedings of the 13th annual conference on Genetic and evolutionary computation*, pp. 957–964, ACM, 2011.
38. P. E. Ceruzzi, *A history of modern computing*. MIT press, 2003.
39. H. Curtis and A. Filippone, *Aerospace engineering desk reference*. Butterworth-Heinemann, 2009.
40. J. Mokyr and F. Scherer, *Twenty five centuries of technological change: an historical survey*, vol. 35. Routledge, 1990.
41. R. Wiseman, *Quirkology: The curious science of everyday lives*. Pan, 2008.
42. A. N. Whitehead, *Adventures of Ideas*. The Free Press, 1967.
43. W. Stace, "Interestingness," *Philosophy*, vol. 19, no. 74, pp. 233–241, 1944.
44. W. Stukeley, *Memoirs of Sir Isaac Newton's life*. 1752.
45. R. Roberts, *Serendipity: Accidental discoveries in science*. Wiley, 1989.
46. W. Whewell, *The Philosophy of the inductive sciences: founded upon their history*, vol. 2. 1840.
47. L. Pasteur, 1854.
48. S. J. Gould, *Full House: The Spread of Excellence from Plato to Darwin*. Harmony Books, 1996.
49. J. Lehman and K. O. Stanley, "Abandoning objectives: Evolution through the search for novelty alone," *Evolutionary Computation*, vol. 19, no. 2, pp. 189–223, 2011.
50. J.-B. Mouret, "Novelty-based multiobjectivization," in *Proceedings of the Workshop on Exploring New Horizons in Evolutionary Design of Robots, 2009 IEEE/RSJ International Conference on Intelligent Robots and Systems*, 2009.
51. J. Doucette and M. Heywood, "Novelty-Based Fitness: An Evaluation under the Santa Fe Trail," *Genetic Programming*, pp. 50–61, 2010.
52. P. Krcah, "Solving deceptive tasks in robot body-brain co-evolution by searching for behavioral novelty," in *ISDA*, pp. 284–289, IEEE, 2010.
53. H. Goldsby and B. Cheng, "Automatically Discovering Properties that Specify the Latent Behavior of UML Models," in *Proceedings of MODELS 2010*, 2010.
54. S. Risi, C. Hughes, and K. Stanley, "Evolving plastic neural networks with novelty search," *Adaptive Behavior*, 2010.
55. J. Lehman and K. O. Stanley, "Novelty search and the problem with objectives," in *Genetic Programming in Theory and Practice IX (GPTP 2011)*, ch. 3, pp. 37–56, Springer, 2011.
56. J. Lehman and K. O. Stanley, "Revising the evolutionary computation abstraction: Minimal criteria novelty search," in *Proceedings of the Genetic and Evolutionary Computation Conference (GECCO-2010)*, ACM, 2010.
57. D. H. Wolpert and W. Macready, "No free lunch theorems for optimization," *IEEE Transactions on Evolutionary Computation*, vol. 1, pp. 67–82, 1997.

58. D. Campbell, "Assessing the impact of planned social change," *Evaluation and Program Planning*, vol. 2, no. 1, pp. 67–90, 1979.

59. L. Darling-Hammond and A. E. Wise, "Beyond standardization: State standards and school improvement," *The Elementary School Journal*, pp. 315–336, 1985.

60. M. A. Barksdale-Ladd and K. F. Thomas, "What's at stake in high-stakes testing teachers and parents speak out," *Journal of Teacher Education*, vol. 51, no. 5, pp. 384–397, 2000.

61. A. L. Amrein and D. C. Berliner, "High-stakes testing and student learning," *Education Policy Analysis Archives*, vol. 10, p. 18, 2002.

62. J. E. Stiglitz, "GDP fetishism," *The Economists' Voice*, vol. 6, no. 8, 2009.

63. C. Schwarz, *Implementation Guide to Natural Church Development*. ChurchSmart Resources, 1996.

64. M. Vann, "Of rats, rice, and race: The great hanoi rat massacre, an episode in French colonial history," *French Colonial History*, vol. 4, no. 1, pp. 191–203, 2003.

65. R. Davenport-Hines, *The pursuit of oblivion: A global history of narcotics*. WW Norton & Company, 2004.

66. B. Bryson, *A short history of nearly everything*. Transworld Digital, 2010.

67. L. Bebchuk and J. Fried, "Executive compensation at Fannie Mae: A case study of perverse incentives, nonperformance pay, and camouflage," *Olin Center for Law, Economics, and Business Discussion Paper*, no. 505, 2005.

68. U. S. D. of Education, "Florida NCLB cornerstone update letter," 2008. To Eric Smith. On objectives of No Child Left Behind Act of 2001.

69. T. DeMarco, *Controlling software projects: management, measurement, and estimates*. Prentice Hall PTR, 1986.

70. T. DeMarco, "Software engineering: An idea whose time has come and gone?," *Software, IEEE*, vol. 26, no. 4, pp. 96–96, 2009.

71. U. S. D. of Education, "Race to the top assessment program guidance and frequently asked questions," 2010.

72. R. Benjamin and M. Clum, "A new field of dreams: The collegiate learning assessment project." *Peer Review*, vol. 5, no. 4, pp. 26–29, 2003.

73. ACT, *CAAP Guide to Successful General Education Outcomes Assessment*. ACT, 2011.

74. "Common core state standards FAQ." http://www.corestandards.org/resources/frequently-asked-questions. Accessed: 2013-10-10.

75. M. G. Jones, B. D. Jones, B. Hardin, L. Chapman, T. Yarbrough, and M. Davis, "The impact of high-stakes testing on teachers and students in North Carolina," *Phi Delta Kappan*, pp. 199–203, 1999.

76. J. Valijarvi, P. Linnakyla, P. Kupari, P. Reinikainen, and I. Arffman, *The Finnish Success in PISA–And Some Reasons behind It: PISA 2000*. Institute for Educational Research, 2002.

77. A. Pigafetta, *Magellan's voyage around the world*. The AH Clark Company, 1906.

78. L. C. Wroth, *The voyages of Giovanni da Verrazzano, 1524–1528*. Yale University Press, 1970.

79. R. F. Scott, *Journals: Captain Scott's Last Expedition*. Oxford University Press, 2006.

80. I. Fang, *A History of Mass Communication: Six Information Revolutions*. Taylor & Francis US, 1997.

81. "National Science Foundation." http://www.nsf.gov, 2012.

82. "European Science Foundation." http://www.esf.org, 2012.

83. D. Hull, "Darwin and his critics. the reception of Darwin's theory of evolution by the scientific community," *Cambridge: Mass., Harvard University Press xii, 473p.. Geog*, vol. 1, pp. 1809–1882, 1973.

84. T. Kuhn, *The structure of scientific revolutions*. University of Chicago press, 1996.

85. E. A. Feigenbaum and P. McCorduck, *The fifth generation: Artificial intelligence and Japan's computer challenge to the world*. Addison-Wesley (Reading, Mass.), 1983.

86. G. Faure and T. M. Mensing, "The urge to explore," in *Introduction to Planetary Science*, pp. 1–12, Springer, 2007.

87. M. P. Coleman, "War on cancer and the influence of the medical-industrial complex," *Journal of Cancer Policy*, vol. 1, no. 2, 2013.

88. T. Coburn and J. McCain, "Summertime blues: 100 stimulus projects that give taxpayers the blues," 2010.

89. T. Coburn, "The National Science Foundation: Under the microscope. April, 2011," 2011.

90. R. C. Atkinson, "The golden fleece, science education, and US science policy," *Proceedings of the American Philosophical Society*, pp. 407–417, 1999.

91. G. H. Hardy, *A mathematician's apology*. Cambridge University Press, 1992.

92. D. M. Bishop, *Group theory and chemistry*. Dover Publications, 2012.

93. E. Wigner, *Group theory: and its application to the quantum mechanics of atomic spectra*, vol. 5. Academic Press, 1959.

94. S. D. Galbraith, *Mathematics of public key cryptography*. Cambridge University Press, 2012.

95. L. S. Smith, "High quality research act," 2013.

96. H. Hoag, "Canadian research shift makes waves.," *Nature*, vol. 472, no. 7343, p. 269, 2011.

97. N. R. Council, "About NRC press release." http://www.nrc-cnrc.gc.ca/eng/news/releases/2013/nrc_business_backgrounder.html. Accessed: 2013-10-10.

98. P. Feyerabend, *Against method*. Verso Books, 1975.

99. C. Morris, *Tesla Motors: How Elon Musk and Company Made Electric Cars Cool, and Sparked the Next Tech Revolution*. Bluespages, 2014.

100. M. Stokstad, *Art, A Brief History*. Pearson, Prentice Hall, 2000.

101. D. Goldberg and L. Larsson, *Minecraft: The Unlikely Tale of Markus "Notch" Persson and the Game that Changed Everything*. Seven Stories Press, 2013.

102. "Mineception-minecraft in minecraft." http://www.planetminecraft.com/project/mineception---minecraft-in-minecraft/, 2012.

103. C. Schifter and M. Cipollone, "Minecraft as a teaching tool: One case study," in *Society for Information Technology & Teacher Education International Conference*, vol. 2013, pp. 2951–2955, 2013.

104. A. White, *Advertising design and typography*. Allworth Press, 2006.

105. T. Crouch and P. Jakab, *The Wright brothers and the invention of the aerial age*. National Geographic, 2003.

106. M. Ruse, *The evolution wars: A guide to the debates*. Rutgers University Press, 2001.

107. N. Copernicus, *De revolutionibus orbium coelestium*. 1543.

108. F. Wöhler, "Ueber künstliche bildung des harnstoffs," *Annalen der Physik*, vol. 88, no. 2, pp. 253–256, 1828.

109. C. Darwin, *On the Origin of Species by Means of Natural Selection or the Preservation of Favored Races in the Struggle for Life*. London: Murray, 1859.

110. E. Daniel, C. Mee, and M. Clark, *Magnetic recording: the first 100 years*. Wiley-IEEE Press, 1999.

111. J. Ulin, *The business of media distribution: monetizing film, TV, and video content*. Focal Press, 2009.

112. A. Grant and J. Meadows, *Communication technology update and fundamentals*. Focal Press, 2010.

113. D. Reagan and R. Waide, *The food web of a tropical rain forest*. University of Chicago Press, 1996.

114. R. Lande, "Natural selection and random genetic drift in phenotypic evolution," *Evolution*, pp. 314–334, 1976.

115. M. Lynch, "The frailty of adaptive hypotheses for the origins of organismal complexity," in *Proc Natl Acad Sci USA*, vol. 104, pp. 8597–8604, 2007.

116. S. Gould and E. Vrba, "Exaptation-a missing term in the science of form," *Paleobiology*, pp. 4–15, 1982.

117. R. Dawkins, *The extended phenotype: The long reach of the gene*. Oxford University Press, 1999.

118. T. Walsh, *Timeless toys: Classic toys and the playmakers who created them*. Andrews McMeel Publishing, 2005.

119. S. Wright, "The role of mutation, inbreeding, crossbreeding, and selection in evolution," in *Proceedings of the Sixth International Congress of Genetics*, 1932.
120. J. Lehman and K. O. Stanley, "Evolving a diversity of virtual creatures through novelty search and local competition," in *GECCO '11: Proceedings of the 13th annual conference on Genetic and evolutionary computation*, (Dublin, Ireland), pp. 211–218, ACM, 12–16 July 2011.
121. S. Gould, "Planet of the bacteria," *Washington Post Horizon*, vol. 119, no. 344, p. H1, 1996.
122. W. Whitman, D. Coleman, and W. Wiebe, "Prokaryotes: the unseen majority," *Proceedings of the National Academy of Sciences*, vol. 95, no. 12, p. 6578, 1998.
123. G. Simpson, *The meaning of evolution: a study of the history of life and of its significance for man*, vol. 23. Yale University Press, 1967.
124. S. Arnott and M. Haskins, *Man Walks into a Bar: Over 6,000 of the Most Hilarious Jokes, Funniest Insults and Gut-Busting One-Liners.* Ulysses Press, 2007.
125. F.-h. Hsu, *Behind Deep Blue: Building the computer that defeated the world chess champion.* Princeton University Press, 2002.
126. J. Hooker, "Testing heuristics: We have it all wrong," *Journal of Heuristics*, vol. 1, no. 1, pp. 33–42, 1995.
127. C. Smorynski, "The incompleteness theorems," *Handbook of mathematical logic*, vol. 4, pp. 821–865, 1977.
128. J. S. Mill, *A System of Logic, Ratiocinative and Inductive.* 1846.